作品赏析

YY2011

作品赏析

第2天 趁热打铁——CorelDRAW工具的拓展运用

香槟金色材质体现

背面材质体现

银色材质体现

第3天 熟能生巧——交互式调和工具的妙用

表带效果制作

素色效果制作

精彩案例赏析

第4天 得心应手——完整产品绘制

A面效果制作

C面效果制作

B面效果制作

第5天 炉火纯青——手机设计进行到底

A面效果制作

D面效果制作

银色机材质体现

第6天 技高一筹——打造三维立体产品

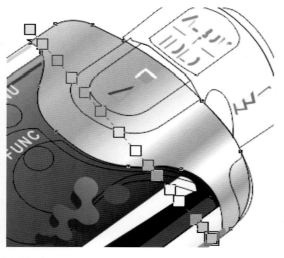 

色机材质体现

第7天 真实质感再现——专业数码相机制作

头效果制作

身效果制作

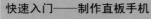

跟我们一起来有效率地轻松学习吧！

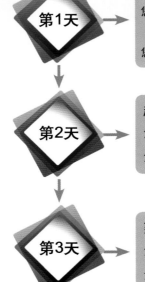

第1天

快速入门——制作直板手机

您将学到的知识：矩形工具、渐变填充以及造型命令中的"相交"和"焊接"的运用等

您将会制作：直板手机的绘制、手机质感的体现等

第2天

趁热打铁——制作卡式数码相机

您将学到的知识：高斯模糊的应用、杂点的应用等

您将会制作：卡片式数码相机的制作、相机质感的体现等

第3天

熟能生巧——制作手表

您将学到的知识：交换式调和工具的运用等

您将会制作：手表的制作、手表质感的体现等

第4天

得心应手——翻盖手机的制作

您将学到的知识：渐变填充的运用、交换式调和工具的运用、高斯模糊的应用等

您将会制作：手机的设计流程、翻盖手机的制作等

第5天

炉火纯青——将手机设计进行到底

您将学到的知识：旋转工具的应用、高斯模糊的应用、渐变填充的应用等

您将会制作：手机外形设计的思路、滑盖手机的制作等

第6天

技高一筹——打造mp3

您将学到的知识：贝塞尔工具的应用、高斯模糊的应用、交互式调和工具的运用等

您将会制作：三维立体图形的创建、MP3的制作、MP3的质感体现等

第7天

真实质感再现——专业数码相机的制作

您将学到的知识：贝塞尔工具的应用、高斯模糊的应用、交互式调和工具的运用等

您将会制作：专业数码相机的制作、专业数码相机的质感体现等

7天 精通CorelDRAW X5
产品设计

严云　闫凯　　编著

飞思数字创意出版中心　监制

电子工业出版社

Publishing House of Electronics Industry

北京·BEIJING

内容简介

本书从实际应用的角度出发，着力向读者介绍运用 CorelDRAW 进行产品设计的相关知识，逐步帮助大家了解线框绘制与材质体现，并最终走入高级设计领域。本书按照产品复杂的程度共安排了 7 天的学习时间，每天有针对性的学习产品表现技法，为求直达产品设计表现的核心，以最简捷有效的方式向读者展现用 CorelDRAW 进行产品表现的实际应用技巧。

全书共分为 7 天，以循序渐进的方式，全面介绍了 CorelDRAW 在产品设计表现的方法和技巧。第 1 天，快速入门——线条基础训练与简单的材质体现；第 2 天，趁热打铁——CorelDraw 工具的拓展运用；第 3 天，熟能生巧——交互式调和工具的妙用；第 4 天，得心应手——完整产品绘制；第 5 天，炉火纯青——手机设计进行到底；第 6 天，技高一筹——打造三维立体产品；第 7 天，真实质感再现——专业数码相机制作。

本书适合从事工业设计的专业人士和电脑美术爱好者阅读，也可作为电脑艺术相关专业的培训教材，是一本能够快速入门上手的产品设计展现宝典。

本书配套的多媒体光盘中提供了本书中所有实例的相关视频教程，以及所有实例的源文件及素材，方便读者制作出和本书实例一样精美的效果。

未经许可，不得以任何方式复制或抄袭本书之部分或全部内容。
版权所有，侵权必究。

图书在版编目（CIP）数据

7天精通CorelDRAW X5产品设计 / 严云，闫凯编著. -- 北京：电子工业出版社，2012.2
ISBN 978-7-121-15334-1

Ⅰ.①7… Ⅱ.①严… ②闫… Ⅲ.①图形软件，CorelDRAW X5 Ⅳ.①TP391.41

中国版本图书馆CIP数据核字(2011)第246983号

责任编辑：侯琦婧
特约编辑：陈晓婕　牛　瑞
印　　刷：
装　　订：北京画中画印刷有限公司
出版发行：电子工业出版社
　　　　　北京市海淀区万寿路 173 信箱　　邮编：100036
开　　本：787×1092　1/16　印张：18.75　字数：492.8 千字　彩插：4
印　　次：2012 年 2 月第 1 次印刷
定　　价：69.80 元（含光盘 1 张）

前　言

在当今一职难求的竞争激烈环境下，为了找到一份满意的工作，对于行业选择至关重要。那么什么行业工作需求量大，而且薪酬相对比较高呢？——产品设计行业。同时手机设计在产品设计行业中又属于热门领域。目前的手机设计公司特别多，上海近 300 多家手机设计公司；深圳，仅福田区就不下 400 余家，如此多的工作机会，又该如何把握呢？掌握最基本的手机表现技能，以及快速、精良的制作效果，才是进入手机设计行业的敲门砖。

手机设计行业的力量不可小觑，家电行业也是欣欣向荣，在学会手机设计的同时，本书还增加了一些其他行业的产品案例，不仅扩大了学习者的眼界，学到更多的产品设计技能，也扩大了求职者的就业机率。

■ 本书章节安排

本书从实际应用的角度出发，着力向读者介绍运用 CorelDRAW 进行产品设计的相关知识，逐步帮助大家了解线框绘制与材质体现，并最终走入高级设计领域。本书按照产品复杂的程度共安排了 7 天的学习时间，每天有针对性的学习产品表现技法，为求直达产品设计表现的核心，以最简洁有效的方式向读者展现用 CorelDRAW 进行产品表现的实际应用技巧。

全书共分为 7 天，以循序渐进的方式，全面介绍了 CorelDRAW 在产品设计表现的方法和技巧。

第 1 天　快速入门——线条基础训练与简单的材质体现。主要介绍了矩形工具、渐变填充以及造型命令中的"相交"和"简化"的运用，适合初学者了解 CorelDRAW 绘画工具的基本运用。

第 2 天　趁热打铁——CorelDRAW 工具的拓展运用。在本章的学习中主要介绍了位图工具的运用，在产品设计中，适当运用位图，能起到事半功倍的效果。

第 3 天　熟能生巧——交互式调和工具的妙用。在本章的学习中主要介绍了轻松掌握交互式调和工具的使用技巧，并通过多个实用案例的讲解，使读者能够快速掌握在 CorelDRAW 中对不规则外形进行处理的方法和技巧。

第 4 天　得心应手——完整产品绘制。在本章的学习中以手机案例的形式详细讲解整机绘制的方法和技巧，包括手机设计流程、运用的材质介绍等，通过今天的学习，读者可以掌握折叠手机的表现技巧。

第 5 天　炉火纯青——手机设计进行到底。在前面几章的学习中，直板机与折叠机都有涉足，再补充一款滑盖机，基本涵盖了手机的三大机型，本章中介绍了手机设计涉及到的方方面面，信息量非常大，通过本章的学习，手机设计不再是难题。

第 6 天　技高一筹——打造三维立体产品。在本章的学习中，主要介绍了如何进行三维立体图的创建，并通过实例的讲解练习，学习了如何将平面产品表现的活灵活现，跃然纸上。

第 7 天　真实质感再现——专业数码相机制作。在本章的学习中，主要针对高难度的产品制作，介绍了如何将复杂产品设计变得简单化，由简入繁，先大体再局部的过程，通过本章的学习，读者就可以轻松搞定日常产品的表现了。

■ 本书特点

全书内容丰富、结构清晰，通过 7 天的时间安排，为广大读者全面、系统地介绍了进行产品设计的表现技法，案例典型，快速上手。

本书主要有以下特点：

◎ 形式新颖，安排合理，通过 7 天的时间安排，循序渐进地讲解了产品设计的表现技法。

◎ 语言通俗易懂，讲解清晰，前后呼应。以最小的篇幅、最易读懂的语言来讲述每一项功能和每一个实例。

◎ 知识点与案例相结合，在每天的学习过程中都能够学习到新的知识点，并将知识点与实例相结合，使读者更容易理解和撑握，从而能够举一反三。

◎ 对书中每个产品表现案例，均录制了相关的多媒体视频教程，使得每一个步骤都明了易懂，操作一目了然。

■ 本书读者对象

本书适合从事工业设计的专业人士和电脑美术爱好者阅读，也可作为电脑艺术相关专业的培训教材，是一本能够快速入门上手的产品设计表现宝典。

本书配套的多媒体光盘中提供了本书中所有实例的相关视频教程，以及所有实例的源文件及素材，方便读者制作出和本书实例一样精美的效果。

本书由严云、闫凯执笔，另外李锴、王甘甘、郭玉琴、闫志德、罗桢、李启雄、张齐开、蔡穗琰、江波、朱跃华、武晓霜、龙旻、黄宇峰等也参与了部分编写工作。书中错误在所难免，希望广大读者朋友批评指正。

作 者

目 录

第 **1** 天 快速入门

　　今天是开始学习CorelDRAW的第1天，通过直板机这一简单造型，让我们利用CorelDRAW 的矩形工具和椭圆工具，进行产品的线框绘制，并学会最常用的材质表现技法。

　　钢琴烤漆和电镀效果是最常见的手机材质之一，既时尚大方，又有立竿见影的效果，同时也是在设计方案投稿时，最讨巧的一种方式。

　　好，让我们开始今天的行程吧。

学习目的：掌握矩形工具、渐变填充以及造形设计命令中的"相交"
　　　　　和"焊接"的运用
知 识 点：矩形、渐变、反光
学习时间：一天

线条基础训练与简单的材质体现

1.1 初识CorelDRAW

没有基础，也能够用CorelDRAW进行产品设计吗？答案是肯定的。我们会由浅入深、由简单到复杂引领你慢慢进入到产品设计的殿堂。不知不觉，7天下来，你已经由"门外汉"晋升为"高级用户"了。还是让我们赶紧开始今天的学习吧！

1.1.1 为何选择CorelDRAW来进行产品外观设计

● 进行产品外观设计，需要学会大量的软件，包括CorelDRAW、Photoshop、Proe、AutoCAD、Rhino、3Dmax，等等，纵观这些软件，最容易上手的还是CorelDRAW。

● CorelDRAW提供的智慧型绘图工具以及新的动态向导，可以充分降低用户的操控难度，允许用户更加容易精确地创建物体的尺寸和位置，减少点击步骤，节省设计时间。

(563.427, -63.978) ▶   2116 对象群组 于 图层 1
文档颜色预置文件: RGB: sRGB IEC61966-2.1; CMYK: Japan Color 2001 Coated; 灰度: Dot Gain 15% ▶

● CorelDRAW提供了设计者一整套的绘图工具，包括圆形、矩形、多边形、方格、螺旋线等，并配合塑形工具，对各种基本图形做出更多的变化，如圆角矩形，弧、扇形、星形等。当然产品轮廓的创建和修改也很快捷。

● CorelDRAW的快速复制色彩和属性功能，能够减少很多重复的步骤，节约大量时间。

1.1.2 CorelDRAW操作界面介绍

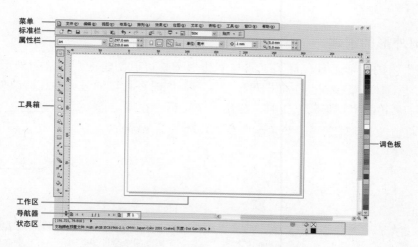

我们现在不需要对各个工具进行具体介绍，大家只需要大致了解哪里是菜单栏，哪里是属性栏、状态区等上面所提及到的区域，这样在后面操作过程中，在提示用到什么区域的命令时，可以快速找到相关区域，如：单击属性栏的"横向"图标，直接去属性栏查找就能快速找到了。

产品设计的第一步是绘制产品外观的轮廓，让我们用几分钟的时间来学习一下如何创建产品外轮廓吧！

> **提示**
>
> 单击工具箱的规则型工具时，按住【Ctrl】键，建立的外形是等边形；如单击"矩形"工具，按住【Ctrl】键，建立的是正方形；单击"椭圆"工具，按住【Ctrl】键，建立的是圆形；单击"多边形"工具时，会出现什么样的情况呢？请大家自己试一试。

规则几何外形的创建

　　"工具箱"内的矩形工具、椭圆工具与多边形工具可以创建规则的几何外形，单击工具箱内相应的上述工具，直接拉到页面即可创建图形，同时还可以通过属性栏修改外形尺寸。

● 单击工具箱的"矩形▢"工具，拉出一个矩形，在属性栏将值改为 ，倒角改为 。得到右图所示图形。

● 单击工具箱的"椭圆"工具，拉出一个椭圆，在属性栏将值改为 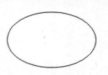。得到右图所示图形。

● 单击工具箱的"多边形"工具，拉出一个多边形，在属性栏将值改为 ，边数改为 ⬠ 7 ⬆⬇。得到右图所示图形。

建立不规则外形

不规则外形的创立有两种方法：①在规则外形的基础上调整；②用工具箱"贝塞尔"、"钢笔"等自由造型工具，描绘外轮廓。

调整节点修改外形

节点编辑功能较多，我们先以一种常用的命令为例给大家做简单介绍。

● 建立矩形（50*30），单击属性栏"转换为曲线 ⊙"工具，选择工具箱"形状"工具，选择矩形左上第一个节点，单击属性栏"转换直线为曲线 ✐"，拖动左上与左下的节点控制点，使其外形（如下图所示）；选择矩形右下节点，转换为曲线后调整节点控制点（如下图所示）。

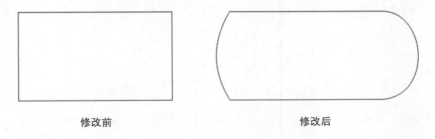

修改前　　　　　　　　　　　修改后

提示　发现上面两个小案例的区别了吗？一个是转为曲线以后进行节点编辑的，另一个是没有转为曲线前，对几何形进行节点编辑的。两者最大的区别在于，转为曲线后编辑的节点是仅编辑所选的节点；而没有转为曲线前，进行某个节点的编辑，其他对称节点也会一起受影响。

● 建立五边形（77*73），选择工具箱"形状"工具，选择最上面的尖点，单击属性栏"转换直线为曲线 ✐"，并将这个节点删掉。如下图所示。

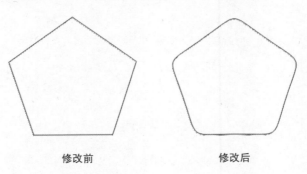

修改前　　　　　　　　　　　修改后

通过造型工具调整外形

使用造型下的"合并 🔲、修剪 🔲、相交 🔲"工具，对规则外形做适当调整。

- 建立矩形（25*30），建立椭圆（25*16），框选矩形与椭圆，单击属性栏"合并"工具，出现新的图形（如下图所示）：

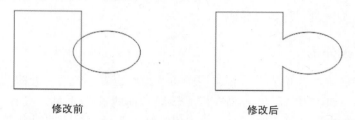

修改前 　　　　　　　　　　　修改后

- 照下图建一个五角星与椭圆，用五角星修剪椭圆，删掉五角星，得出如下图所示的外形。

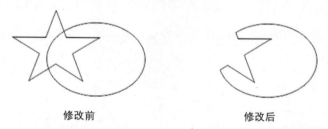

修改前 　　　　　　　　　　　修改后

- 照下图建一个复杂多边形与椭圆，两者进行相交，删掉多边形与椭圆，得出如下图所示的外形。

修改前 　　　　　　　　　　　修改后

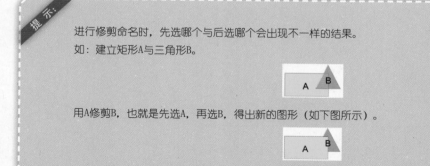

提示：

进行修剪命名时，先选哪个与后选哪个会出现不一样的结果。

如：建立矩形A与三角形B。

用A修剪B，也就是先选A，再选B，得出新的图形（如下图所示）。

用B修剪A，也就是先选B，再选A，得出新的图形（如下图所示）。

自由造型工具的使用

"贝塞尔🖊"工具与"钢笔🖊"工具都是一种自由造型工具,利用这两种工具,配合"形状"工具,可以创造任意复杂程度的图形对象,如上图所示的汽车造型。

这两种工具都能绘制直线、斜线;既能绘制开放式曲线,也能绘制封闭外形。所形成的曲线是由节点连接而成的线段组成的直线或曲线,通过修改每个节点的控制点,来调整线条的形状。

● 在起始点按下鼠标左键不放,将鼠标拖向下一曲线段节点的方向,观察出现的曲线是否理想;如果不理想,可以在不松开鼠标的状态下,移动鼠标使其调整为所需的弧度。

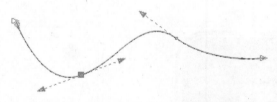

● 单击工具箱"形状"工具,双击上面绘制的曲线,在中间线段的中间位置双击一下,增加一个节点,通过拖动节点与控制点,将曲线调整为如下图所示。

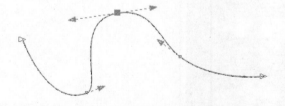

1. 按住【Ctrl】键能限制水平、垂直或呈角度绘制线段。

2. 在绘制曲线过程中,双击最后一个节点,可以改变下一节点的属性,使其和初始点一致。

3. 绘制过程中,按住【Alt】键不放,可以调整节点位置。

4. 双击某个节点,节点会被删除。

自我检测

　　了解了产品外观造型的相关工具后，我们基本上可以进行简单的产品外轮廓描绘了。下面就要开始付诸于行动，大家一起动手，体验一下CorelDRAW神奇的造型工具吧。现在跟我一起行动起来吧！

　　接下来展示的这个案例，你可以先预览一下，考察一下自己，是不是可以很快地描绘出来。

1.2 线条基础训练——直板手机绘制

如今市面上直板手机成千上万，为何选择此款机型作为开篇案例呢？此款手机是鼎鼎有名的苹果公司旗下作品，无论从工艺到科技水平都已经达到了世界最前沿，其简洁的线条与时尚的配色，无不令人折服，尤其背部圆弧造型的烤漆效果比较少见，整机造型简单，学起来轻松，同时在另外一方面仔细体会大公司过人的工艺处理方法。

1.2.1 正面线框绘制

○ 使用到的技术　　矩形工具、椭圆工具、对齐与分布

○ 学习时间　　　　5分钟

○ 视频地址　　　　光盘\第1天\1.swf

○ 源文件地址　　　光盘\第1天\钢琴烤漆直板机.cdr

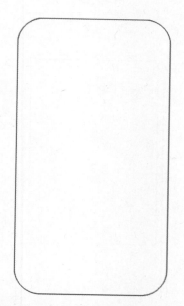

01 运行CorelDRAW程序，新建文件，照上图设置；按【Ctrl+ S】组合键，将文件保存为"钢琴烤漆直板机"。

02 单击工具箱 "矩形工具"，建立 "矩形A"，在属性栏修改矩形值为66*123，倒角改为11

03 建立"矩形B"，在属性栏将值改为60.9*118.5，倒角为8.4。

04 选择"矩形B"，同时按住键盘的【Shift】键，加选"矩形A"；单击属性栏的"对齐和分布"图标，在弹出的"对齐与分布"窗口下勾选垂直和水平都设置为中对齐，单击【应用】按钮。

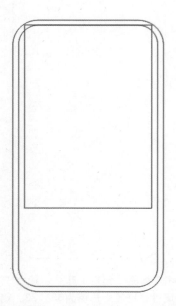

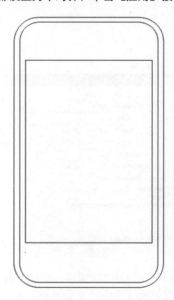

05 建立"矩形C"，值为55.8*83，按住键盘【Shift】键，加选"矩形B"后按键盘【C】键、【T】键。

06 单击工作区空白处，在属性栏修改微调偏移值为17.5mm；选择"矩形C"后，按键盘方向键中的【↓】键一次。

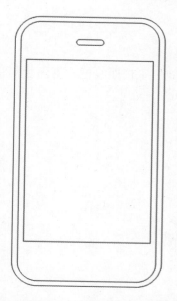

07 建立"矩形D"，值为12*2.5，倒角1.25，按住键盘【Shift】键，加选"矩形B"后按键盘【C】键、【T】键，并将其下移8mm。

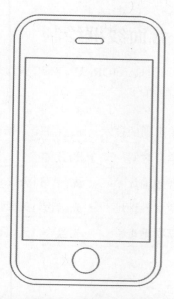

08 单击工具箱的"椭圆形"工具，按住【Ctrl】键，建立正圆"Y1"；值为11.5，按住键盘【Shift】键，加选"矩形B"后按键盘【C】键、【B】键，并将其向上移动3.3mm。

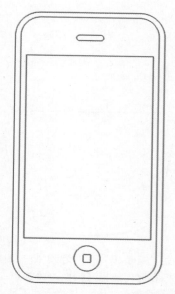

09 建立"矩形E"，值为3.5*3.5，倒角为0.33，按住键盘【Shift】键，加选正圆"Y1"后按键盘【C】键、【E】键，至此，整个A面线框制作完成了。

温 ♥ 小提示

对齐与分布快捷键如下：
- 【C】垂直对齐选择对象的中心
- 【E】水平中心对齐
- 【T】将选择对象上对齐
- 【B】将选择对象下对齐
- 【R】将选择对象右对齐
- 【L】将选择对象左对齐
- 【P】选取物件的中心至页

微调对象的快捷键如下：
- 【↑】向上微调对象
- 【↓】向下微调对象
- 【←】向左微调对象
- 【→】向右微调对象

1.2.2 背面线框绘制

前面通过CorelDRAW自带的矩形工具与椭圆形工具建立了正面线框，下面我们学习节点编辑与造型命令。

使用到的技术	节点编辑、修剪、焊接、文本工具
学习时间	20分钟
视频地址	光盘\第1天\2.swf
源文件地址	光盘\第1天\钢琴烤漆直板机.cdr
素材地址	光盘\第1天\钢琴烤漆直板机\logo.cdr

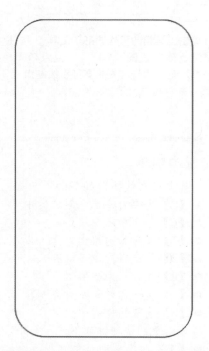

01 选择"矩形A"，按住【Ctrl】键同时，鼠标左键拖动"矩形A"往右空白处松开右键，平行复制一个并命名为"矩形A+1"。

02 建立"矩形2B"，值为59*47，倒角7；单击鼠标右键，选择【转换为曲线】；单击页面空白处，将微调值改为5.6，选择形状工具，框选最下面两个节点并删除，将剩下的底部两个节点往内移动5.6，再往上移动5.6。

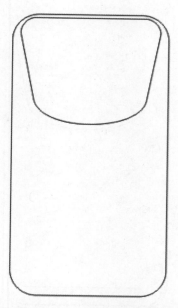

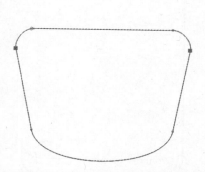

03 鼠标放在下面线段的中间位置单击一下，将其下移3.2，并将上面最左边与最右边的节点下移1.2。

04 选择"矩形2B"，按住【Shift】键加选"矩形A+1"，与"矩形A+1"进行【C】、【T】对齐后，并下移1.5。

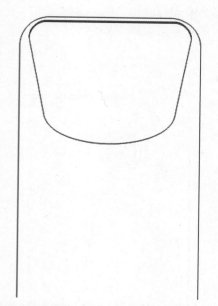

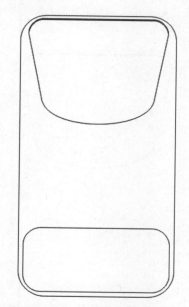

05 选择"矩形2B"，按键盘【+】两次，复制两个矩形"2B+1"与"2B+2"；选择矩形"2B+2"下移0.4，按住【Shift】键，加选矩形"2B+1"，两者进行修剪。

06 建立"矩形3C"，值为62*28，倒角7.8；与"矩形A+1"进行【C】、【B】对齐后上移2。

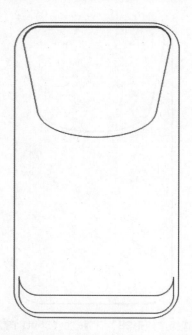

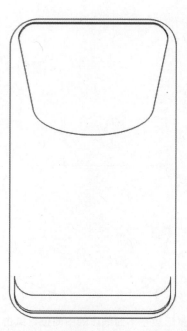

07 选择"矩形3C",按键盘【+】键,复制一个矩形并命名为"3C+",将"3C+"上移7.4;选择"矩形3C"与"3C+",两者进行修剪,得出外形"3C-1"。

08 将"3C-1"复制两个分别命名为"3C+1"与"3C+2",其中一个上移0.8,两者修剪,得出外形"3C-2"。

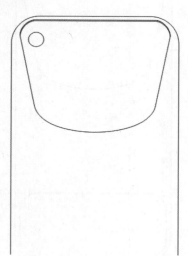

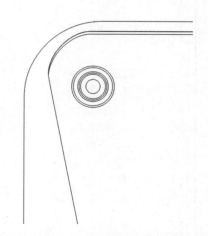

09 单击工具箱"椭圆"工具,按住【Ctrl】键,建立一个直径为6的圆"Y-1",与矩形"A+1"进行【L】、【T】对齐后,右移6.7,下移6.6。

10 选择"Y-1",按【+】键复制5个圆,在属性栏将值分别改为圆"Y-2":直径5.5;"Y-3":直径4.3;"Y-4":直径3.9;"Y-5":直径3.5;"Y-6":直径2。

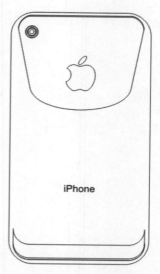

11 从光盘导入"logo.cdr"文件,选择"logo",与"矩形A+1"进行【C】、【T】对齐后,下移21.3。

12 单击"文本"工具,输入"iPhone"文字,在属性栏将字体改为"Arial",大小为13pt,宽度改为14.2mm;与"矩形A+1"进行【C】、【B】对齐后,上移35。

iPhone

32GB

iPhone

32GB

13 单击文本工具输入"32GB"文字,字体为"Arial",大小为6mm,与"矩形A+1"进行【C】、【B】对齐后,上移29.5。

14 建立"矩形4D",值为7*3.5,倒角0.3,与"32GB"文字进行【C】、【E】对齐。

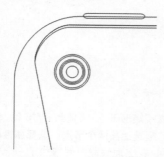

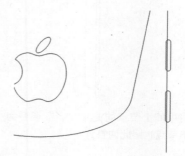

15 建立"矩形5E-t",值为10.3*0.85,倒角0.43,与"矩形A+1"进行【L】、【T】对齐后,右移11.5,上移0.6。

16 建立"矩形5E-r1",值为1.2*8.3,倒角0.6,与"矩形A+1"进行【R】、【T】对齐后,右移0.9,下移21.5;按【+】键将"5E-r1"复制一个命名为"5E-r2",下移13.3;框选"5E-r1"与"5E-r2",单击 📲 进行组合为"5E-r"。

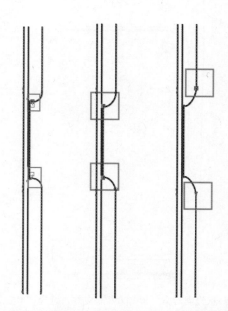

17 建立"矩形5E-r3"，值为0.4*7，与"5E-r"进行【L】、【E】对齐后，单击图标 进行焊接为"5E"。

18 单击"形状"工具，将上面左边图中的节点删掉，将中间图的两个节点往内移动0.3，将右图的两个节点往外移动0.3。

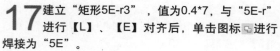

19 将中间上节点的曲率" "调整为" "，下节点也照此调整为" "。

20 建立"矩形6F"，值为1.7*5.8，转换为曲线后，框选上面两个节点，选择属性栏的增加节点 ，上面线段中间增加了一个节点，重复上步操作，将下面线段也增加一个节点，框选中间两个节点，将其右移0.2，左边两节点往内移动0.5。

温 ♥ 小提示

　　1、修改微调值之前，需要转换成"挑选 🔲"工具才可以修改；

　　2、在编辑节点时，将鼠标放在线段中间单击一下（不是双击，双击会增加一个新的节点），变成小黑点以后，可以修改线段的属性，此时不是节点的属性，如将直线转为曲线，移动线段等。

21 选择"矩形6F"，与"矩形A+1"进行【R】、【T】对齐后，右移1，下移11.8，最后整个背面线框制作完成。

☆ 自我评价 ☆

　　已经学会了运用修剪和焊接工具配合节点调整来修改基本图形，这样画面将会变得更加丰富。你可以尝试将MP3、笔记本电脑、音响等简单造型的产品运用上述方法绘制哦！

🔍 1.3 质感体现

　　手机的外形建立并不复杂，只需要用到CorelDRAW里面的矩形工具和圆形工具，就将这款手机的正面线框建立出来了，是不是很简单呢？

　　最终的材质表现至关重要，能否体现出设计意图？材质表现的是否到位影响到整机的命脉。如果想表现到位，需要先了解各个材质自身的特性。我们先了解今天会用到的两种材质：

钢琴烤漆

钢琴烤漆是烤漆工艺的一种，它的工序非常复杂，与普通的喷漆相比，钢琴漆在亮度、致密性特别是稳定性上要高很多，如果不发生机械性的损坏，钢琴漆表层经过多年后依然光亮如新，钢琴烤漆工艺又酷又亮的质感，高反光效果在外观上给人以高档、华丽的美感，其缺点是容易沾染指纹影响手机美观。

电镀

电镀是指在基体表面形成镀层的一种加工方法，相比塑胶材质，硬度高，耐磨性好，反光能力强，有较好的耐热性，即有金属质感，又比纯金属造价便宜。在材质表现上，基本和纯金属无异；纯金属材料适用于比较简单的造型，如果想采用纯金属表现复杂的造型，工艺会特别复杂，无疑会大大增加成本与不良率；而电镀件却可以应对相对复杂灵活的造型，但其缺点是日久镀层会脱落。

了解了上述材质以后，光是纸上谈兵可不行，还是来进行实际操作吧！

1.3.1 正面材质体现

⚬ 使用到的技术	渐变填充、透明度调整、轮廓填充、水平镜像
⚬ 学习时间	15分钟
⚬ 视频地址	光盘\第1天\3.swf
⚬ 源文件地址	光盘\第1天\钢琴烤漆直板机.cdr
⚬ 素材地址	光盘\第1天\钢琴烤漆直板机\开机界面.jpg

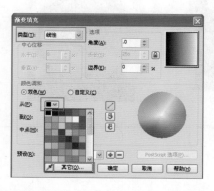 

01 选择"矩形A"，单击工具箱的"填充工具 ◇"图标，出现扩展项后选择"渐变填充"图标，在弹出的"渐变填充"对话框中，类型选择【线性】不变，单击颜色框内的黑色色块，选择【其它】。

02 在弹出的对话框中，将RGB值改为R222、G221、B219后，单击【确定】选项；单击"颜色渐变"对话框下面的白色色块，选择【其它】选项，在弹出的对话框中，将值改为R209、G208、B213，单击【确定】选项。

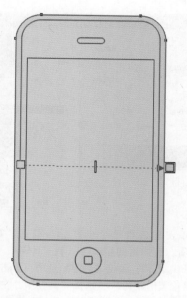

03 设置完成后，单击"渐变填充"窗口下的【确定】选项。

04 将"矩形A"复制一个并命名为"矩形F"，值为65*120，倒角11，进行无色填充；挑选"矩形F"，按键盘【Ctrl+Shift+Q】组合键，将轮廓线转换为对象；双击"矩形F"，挑选左上角与右上角第一个节点，往上轻移0.6。

05 挑选左下角中点，向左轻移0.2，向下轻移0.6；单击右下角中点，向下轻移0.8，右移0.2；框选下面所有节点，向下移0.6。

06 选择整个"矩形F"上移0.4。

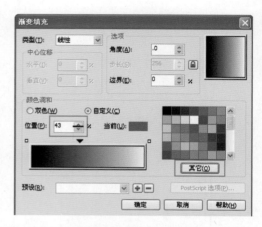

07 选择"矩形B",单击工具箱的"填充工具",扩展项下选择"渐变填充",在弹出的"渐变填充"对话框中,将颜色调和改为"自定义",在色带中间双击鼠标左键,增加了一个颜色。

08 单击左边第一个小方框,单击"其它"选项。在弹出的窗口中,将"RGB"值调整为R79、G80、B84,单击【确定】选项;单击中间的三角形,将位置值改为43,选择"其它",在跳出的窗口中,将值调整为R10、G10、B12,单击【确定】选项;选择最后一个小方框,颜色填充R28、G27、B33,单击【确定】选项。

09 单击键盘【G】键,调整渐变填充效果。

10 建立"矩形G",值为63*120,倒角9.6;与"矩形A"进行【C】、【E】对齐;选择"矩形G",填充白色,轮廓填充为无色;单击鼠标右键,选择"顺序→置于此对象前",箭头指向"矩形A"。

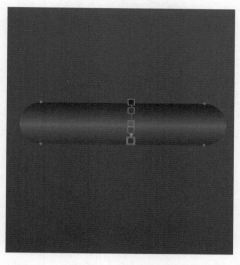

11 选择"矩形C",将轮廓填充60%黑色,轮廓粗细改为0.4;选择标准栏的"导入",从光盘导入"开机界面.jpg"文件;选择菜单栏的"效果→图框精确裁剪→放置在容器中",箭头指向"矩形C";单击鼠标右键,选择"编辑内容",将开机图调整为合适大小后,单击鼠标右键,选择"结束编辑"。

12 选择"矩形D",按键盘【F11】键,跳出渐变填充窗口,颜色调和改为自定义,在色条中间分别双击3次,增加3个色块;进行线性渐变填充:R31、G26、B23→R51、G48、B46→R99、G100、B104→R74、G76、B79→R47、G48、B51,单击【确定】选项。按键盘【G】键,出现了渐变填充的编辑条,拖动方框到合适位置后松开鼠标左键,轮廓填充为无色。

13 选择"矩形D",按键盘【+】键两次,复制出两个,将其中一个右移0.6后两者修剪,得到外形"D-1",将"D-1"填充白色。

14 选择"D-1",单击"透明度"工具,按住【Ctrl】键同时,拖动鼠标左键,在垂直方向拉一个透明渐变,进行线性透明渐变填充:黑色→40%黑色→黑色。

15 选择"D-1",按键盘【+】键,复制一个并命名为"D-2",选择属性栏的水平镜像按钮 ,将其填充黑色后,与"矩形D"进行【R】对齐。

16 选择"正圆Y1",按键盘【F11】键,跳出渐变填充窗口,选择下方白色色块,颜色改为R75、G76、B80,单击【确定】选项;按键盘【G】键,通过拖动两头的方块,调整渐变填充(如上图所示),线框无色填充。

17 选择"矩形E",填充R26、G27、B31,线框填充50%黑色,粗细值改为0.5。整个A面效果制作完成。

1.3.2 背面材质体现

○ 使用到的技术	渐变填充、透明度调整、轮廓填充、水平镜像
○ 学习时间	15分钟
○ 视频地址	光盘\第1天\4.swf
○ 源文件地址	光盘\第1天\钢琴烤漆直板机.cdr
○ 素材地址	光盘\第1天\钢琴烤漆直板机\摄像头.jpg

01 选择"矩形A+1",填充黑色;选择"矩形2B",按键盘【Shift+F11】组合键,填充R237、G243、B255,线框无色填充。

02 选择"透明度"工具,按住【Ctrl】键,鼠标从上往下拖动,拉垂直透明渐变:白色→黑色。

03 选择"矩形B2+"，填充白色，线框无色填充；选择"透明度"工具，按【Ctrl】键，从上往下拉垂直透明渐变：白色→黑色。

04 选择"3C-1"，填充白色，线框无色填充；选择"透明度"工具，按【Ctrl】键，从下往上拉垂直透明渐变：白色→黑色。

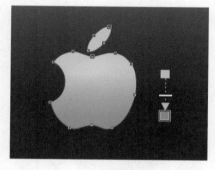

05 选择"3C+"，填充白色，线框无色填充；选择"透明度"工具，按【Ctrl】键，从下往上拉垂直透明渐变：白色→黑色。

06 选择"logo"，按键盘【G】键，按住【Ctrl】键不放，从上往下拉出一个渐变填充，鼠标双击状态行"渐变"前面的色块，修改渐变填充值，填充：R221、G224、B229→R146、G151、B157，线框无色填充。

07 选择"iPhone"文字，填充白色，线框无色填充；选择"32GB"，填充30%黑色，线框无色填充；选择"矩形4D"，线框填充30%黑色，线框粗细改为0.25。

08 选择"圆Y-1"，按键盘【G】键，进行线性渐变填充：80%黑色→白色，线框无色填充。

09 选择"圆Y-2",按键盘【G】键,进行渐变填充,按【F11】键修改渐变填充值,类型选择圆锥,渐变填充值为:50%黑色→白色→白色→40%黑色→白色→白色,线框粗细改为0.1。

10 选择"圆Y-3",重复上步操作,进行锥形渐变填充:白色→40%黑色→白色→80%黑色→白色→50%黑色,线框无色填充。

11 选择"圆Y-4",进行线性渐变填充:黑色→50%黑色,线框粗细改为0.1。

12 选择"圆Y-5",进行线性渐变填充:黑色→50%黑色,线框无色填充。

13 从光盘导入"摄像头.jpg"文件到页面,选择"效果→图框精确裁剪→放置在容器中",将箭头指向"圆Y-6",调整好大小后,将线框粗细改为0.1。

14 选择"矩形5E-t",线形渐变填充:30%黑色→60%黑色→黑色→70%黑色→白色→白色→40%黑色→40%黑色,线框无色填充。

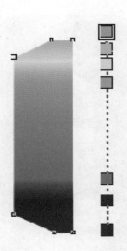

15 将"矩形5E-t"按键盘【+】键两次，复制两个矩形，将其中一个右移1后两者进行修剪，得到外形"5E-tt"，将"5E-tt"填充白色，进行线性透明渐变填充：白色→黑色，如上图所示；将"5E-tt"水平镜像复制一个到右边，填充黑色，与矩形"5E-t"进行【R】对齐。

16 选择"矩形6F"，按住【Ctrl】键，从下往上垂直拉渐变，线形渐变填充：黑色→黑色→50%黑色→30%黑色→白色→20%黑色→30%黑色。

17 选择按键"5E"，按住【Ctrl】键，从下往上垂直拉渐变，线形渐变填充：30%黑色→60%黑色→黑色→70%黑色→20%黑色→30%黑色→70%黑色→40%黑色→80%黑色→50%黑色→40%黑色→70%黑色→20%黑色→30%黑色→90%黑色→40%黑色。

18 整个背面效果制作完成。

19 选择"矩形A+1",按住【Shift】键加选3个按键,按键盘【Ctrl+G】组合键进行群组,按【+】复制一个,单击属性栏水平镜像 图标,然后与"矩形A"进行【C】、【R】对齐,按键盘【Shift+PageDn】组合键,置于最后面,这样正面也有按键了(为了看清按键的结构,所以先在背面做了按键后再做正面的按键)。到现在为止,整个效果制作完成了,让我们赶紧看看最终效果吧!

温 ♡ 小提示

1、调色板色块上单击鼠标左键为填充物体颜色,单击右键为填充轮廓颜色。

2、透明渐变填充与渐变填充都可以采用拖动色块或移除色块方式来增减色块。

3、按压键盘【G】键,可以对对象进行快速渐变填充。

4、按住【Ctrl】键不放,对对象进行水平或垂直方向的操作。

5、鼠标双击状态栏的颜色 ◇ ■黑色 图标,可以快速编辑色彩填充属性;双击状态栏的轮廓颜色 ◊ ■ 红 .200毫米 图标,可以快速编辑轮廓属性。

　　这节最常用到的命令是渐变填充与透明渐变填充,采用CorelDRAW制作产品效果,并不需要了解过于复杂的操作命令,就制作完成了整个产品,而且只需要用到极少的几个常用的命令就足够了。

1.4 白色钢琴烤漆材质体现

○ 使用到的技术　渐变填充
○ 学习时间　　　5分钟
○ 视频地址　　　光盘\第1天\5.swf
○ 源文件地址　　光盘\第1天\钢琴烤漆直板机.cdr

01 单击导航器的新增页面，新增一个【页面2】，回到【页面1】，按键盘【Ctrl+A】组合键与【Ctrl+C】组合键，进入【页面2】，按键盘【Ctrl+V】组合键进行粘贴。

02 选择矩形"A+1"（便于操作，复制过来的所有面的命名仍然和复制以前的名称一样），按键盘【Ctrl】键，从右往左水平拉渐变，进行线性渐变填充：20%黑色→10%黑色→白色→10%黑色，线框进行50%黑色填充。

03 选择矩形"A+1"，按键盘【+】键，复制一个并命名为"A+2"，在属性栏将尺寸改为64*122，填充10%黑色，线框无色填充；选择工具栏透明度工具，按住键盘【Ctrl】键，进行线性透明渐变填充：黑色→白色→白色→黑色。

04 选择"logo"，按键盘【G】键，修改渐变填充：白色→30%黑色。

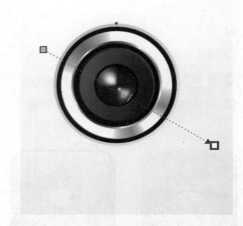

05 选择矩形"2B"、"32GB",填充白色;矩形4D线框填充白色。

06 选择"Y-1",按键盘【G】键,修改渐变填充为:20%黑色→白色。

07 整个白色钢琴烤漆效果制作完成。

因为我们是在已经制作好的黑色钢琴烤漆效果基础上变幻其他颜色的,所以操作非常快捷!慢慢你会发现,我们制作的产品效果越多,能借来的素材也会越来越多,这就是CorelDRAW最大的优点!

1.5 排版

进入【页面1】,双击工具栏的矩形工具图标,形成了一个页面大小的矩形,对其线框进行无色填充;按键盘【Ctrl+A】组合键,对整个页面的所有内容进行了全选,单击标准栏的"导出 "图标,将文件导出为"钢琴烤漆直板机-黑色.jpg"图片;在Photoshop中根据个人喜好加上背景。

1.6 小结与课后练习

没想到这么快就学会了用CorelDRAW表现出顶尖大师几年心血打造出来的时尚手机吧！后面还有更多惊喜等着你哦！对了，一定要记得经常按键盘【Ctrl+S】组合键存盘哦！

为了自测一下今天的学习成果，我们先将制作的白色烤漆机型进行排版，我们还可以在课后将今天绘制的钢琴烤漆效果的手机换成其他颜色哦！

第②天 趁热打铁

通过第一天的学习后，让我们了解了CorelDRAW 的矩形工具和椭圆工具，CorelDRAW还有哪些工具是产品设计中常运用到的呢？今天我们深入探讨一下CorelDRAW的位图工具。

位图不是Photoshop的特权，那么我们在CorelDRAW里应当如何更好地运用位图呢？

还是让我们看看今天的内容吧。

学习目的：灵活运用位图，事半功倍
知 识 点：高斯模糊、杂点
学习时间：一天

CorelDRAW工具的拓展运用

🔍 2.1 轻松掌握位图工具的使用技巧

CorelDRAW菜单栏专门罗列出两项（效果、位图）来表现位图，每项下拉菜单下都有很多扩展项，也有不少效果与Photoshop中的命令类似，如"效果→调整→色度/饱和度/亮度"等，为节省时间，我们不一一介绍各个命令，下面着重讲解常用的几种命令。

巧用"位图"

菜单栏的"位图"下有两个命令是我们经常会用到：一个是"模糊→高斯式模糊"；另外一个是"杂点→添加杂点"。我们以两个小案例来讲解如何使用。

● 建立矩形（50*25），填充30%黑色，线框无色填充；单击菜单栏"位图→转换为位图"后单击"位图→模糊→高斯式模糊"，将模糊值设置为20，大家可以设置不同的模糊值进行观察。

模糊值5　　　　　　　　　模糊值20

> **提示：**
> 我们使用的位图过多，会耗费大量内存，甚至有时候会导致死机，或文件出错。为避免此类情况的出现，我们可以将几张位图或者所有位图转为一张位图，这样会大大减少文件大小及出错率。

● 选择模糊值为20的位图，单击"位图→杂点→添加杂点"，如下图所示设置。

得到的效果如下图所示。

大家可以尝试设置不同杂点类型及其他项。

常用"效果"

效果下拉菜单的调整项下有3项也会经常用到："调整→亮度/对比度/强度"、"调整→颜色平衡"、"调整→色度/饱和度/亮度"，这几项主要是调整位图的色彩与强度。

> **提示：** 产品设计中，什么情况下效果运用最多呢？如果我们已经制作好一款产品，需要进行不同的色彩变幻，如蓝色基改为红色基。这个时候，就需要将原来蓝色基里面的位图色彩转换为红色色调。

- 建立矩形（50*30），填充青色，线框无色填充；转为位图后单击"效果→调整→亮度/对比度/强度"，照下图所示设置，得到的效果如图。

- 继续执行"效果→调整→颜色平衡"命令，如下图所示设置，单击确定。

- 继续执行"效果→调整→色度/饱和度/亮度"命令，如下图所示设置，单击确定。

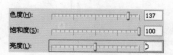 

自我检测

　　了解了位图的使用技巧，我们可以制作很多特殊效果，看似比较复杂，其实常用的仅有5种。到底在实际产品设计中该如何运用呢？下面就跟随我一起，体验一下CorelDRAW的位图特效吧！

　　接下来展示的这个案例，自己可以处理吗？我们会运用到哪些位图技巧呢？

2.2 实战演练——卡片式数码相机制作

卡片式数码相机作为普通大众消费的家电产品，即时尚小巧，又方便携带。数码产品的特色是敏锐洞察市场的动向，随时掌控时尚趋势。我们今天选此款机型作为案例，看中的是其简洁的外轮廓，以及富于变化的金属光泽与磨砂材质。

2.2.1 线框绘制

正面线框绘制

使用到的技术	矩形工具、椭圆工具、直线工具、对齐与分布
学习时间	10分钟
视频地址	光盘\第2天\1.swf
源文件地址	光盘\第2天\超薄数码相机.cdr
素材地址	光盘\第2天\超薄数码相机\字符.cdr

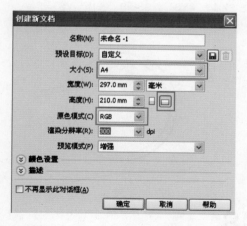

01 运行CorelDRAW程序，新建文件，如上图所示进行设置，按【Ctrl+Shift+S】组合键，将文件保存为"超薄数码相机"。

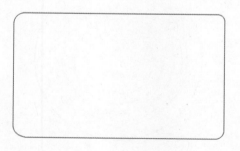

02 建立矩形"A1"，值为126*76.6，倒角为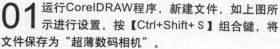，转换为曲线后，将左下第二个节点右移1.8，在下第一个节点如上图所示进行调节。

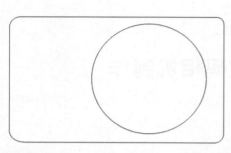

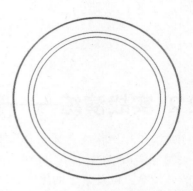

03 建立椭圆"Y1"，值为67.3*67，与"A1"进行【C】、【E】对齐后右移19，上移0.6。

04 选择"Y1"，按【+】键复制3个圆，分别命名为"Y2"：66.6*66.4；"Y3"：55*54.9；"Y4"：51*51。

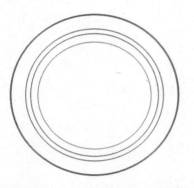

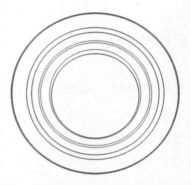

05 选择"Y4"，按【+】键复制一个并命名为"Y5"，尺寸改为45.2*44.4，下移0.3。

06 选择"Y5"，按【+】键复制3个圆，分别命名为"Y6"：43.7*42.7；"Y7"：36.5*37.1；"Y8"：35*35，选择"Y8"下移0.6。

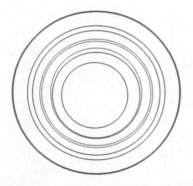

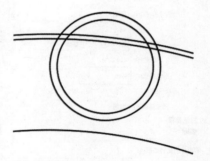

07 选择"Y8"，按【+】键复制一个并命名为"Y9"，尺寸改为26.5*26.7，左移0.6。

08 建立正圆"Y10"，值为6.9*6.9，与"Y1"进行【C】、【T】对齐后右移3.4，上移1.4；选择"Y10"，按【+】键复制一个并命名为"Y11"，值改为6*6。

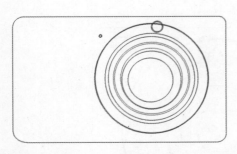
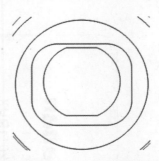

09 建立正圆"Y12"，值为1.7*1.7，与"Y1"进行【L】、【T】对齐后右移2.3，下移6.7；选择"Y12"，按【+】键复制一个并命名为"Y13"，值改为1.3*1.3。

10 建立矩形"A2"，值为20*16.8，倒角5.1，与"Y9"进行【C】、【E】对齐；建立"圆1"，值为15.3*15.3，与"Y9"进行【C】、【E】对齐后上移0.6；建立"矩形1"，值为20*14，与圆1进行【C】、【E】对齐，两者进行相交，相交形命名为"A3"。

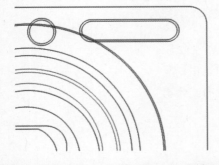
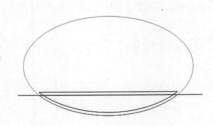

11 建立矩形"A3"，值为24.5*5.6，倒角2.8，与"Y10"进行【L】、【T】对齐后下移0.2，右移12.8；选择"A3"，按【+】键复制一个并命名为"A4"，尺寸改为23.5*4.8。

12 建立"圆2"，值为15.5*9.5，与"A1"进行【L】、【T】对齐后上移7.5，右移29.3，选择"圆2"与"A1"两者进行相交，相交形命名为"A5"；选择"A5"，按【+】键复制一个并命名为"A6"，上移0.3。

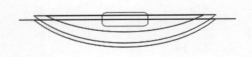
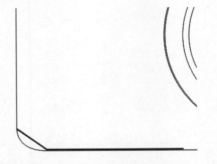

13 选择"圆2"，尺寸改为14.9*7.1，与"A6"进行相交，相交形命名为"A7"，删掉"圆2"；建立矩形"A8"，值为3.2*1，倒角为0.4，与"A7"进行【C】、【T】对齐后上移0.2。

14 建立直线"L1"，值为54.5，与"A1"进行【L】、【B】对齐后上移0.4，双击"L1"，在左边9.8位置增加一个节点，选择左边第一个节点上移7；线条粗细改为0.4，按【Ctrl+Shift+Q】组合键转为对象。

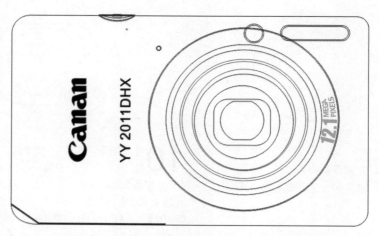

15 单击标准栏"导入"工具，从光盘导入"字符.cdr"文件，将字符群组后与"A1"进行【C】、【E】对齐后右移4.5，按【Ctrl+U】解散群组，相机的正面外轮廓制作完成。

背面线框绘制

⊙	使用到的技术	矩形工具、椭圆工具、对齐与分布、修剪
⊙	学习时间	10分钟
⊙	视频地址	光盘\第2天\2.swf
⊙	源文件地址	光盘\第2天\超薄数码相机.cdr
⊙	素材地址	光盘\第2天\超薄数码相机\背面字符.cdr

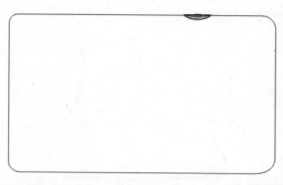

01 选择"A1"与顶部按键线框，水平镜像复制名为"B1"的文件。

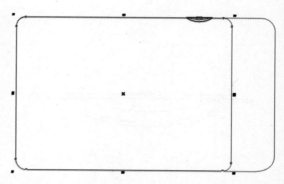

02 建立矩形"B2"，值为105*76.4，倒角为

4.5 mm		4.0 mm	
5.2 mm		4.0 mm	

，与"B1"进行【L】、【E】对齐。

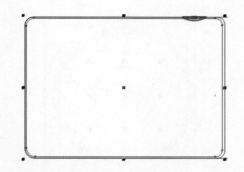

03 建立矩形"B3"文件，值为103*75，倒角为

| 4.2 mm | | 🔒 | 3.5 mm | |
| 5.0 mm | | | 3.5 mm | |

，与"B2"进行
【C】、【E】对齐。

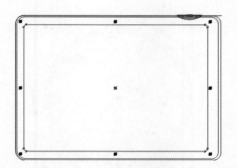

04 建立矩形"B4"，值为94*67，倒角为1.4，与"B3"进行【C】、【E】对齐后左移0.8.

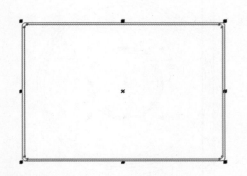

05 选择"B4"，复制一个并命名为"B5"，尺寸改为92*65.3。

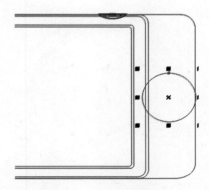

06 建立圆"By-1a"，值为24*23，与"B1"进行【R】、【E】对齐后下移0.3，右移0.2.

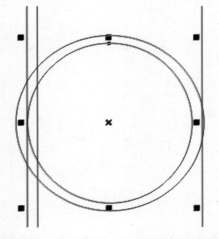

07 选择"By-1a"，复制一个圆命名为"By-1b"，尺寸改为21*21。

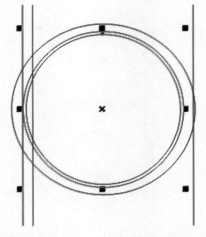

08 选择"By-1b"，复制一个圆命名为"By-1c"，尺寸改为20.2*20.2。

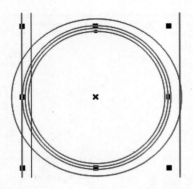

09 选择"By-1c",复制一个圆命名为"By-1d",尺寸改为19.3*19.3。

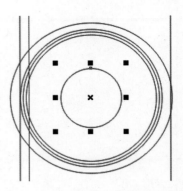

10 选择"By-1d",复制一个圆命名为"By-1e",尺寸改为9*9。

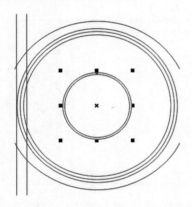

11 选择"By-1e",复制一个圆命名为"By-1f",尺寸改为8.5*8.5。

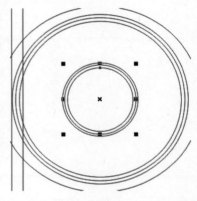

12 选择"By-1f",复制一个圆命名为"By-1g",尺寸改为7.8*7.8。

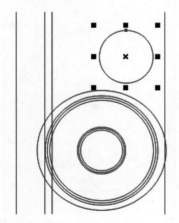

13 建立正圆"By-2a",值为10,与"By-1a"进行【T】、【R】对齐后上移11.4,左移2.4。

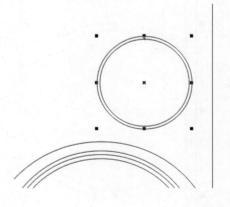

14 选择"By-2a",复制一个并命名为"By-2b",值改为9.4。

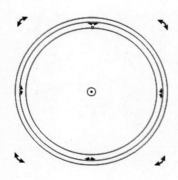

15 选择"By-2b"，复制一个并命名为"By-2c"，值改为8.6。

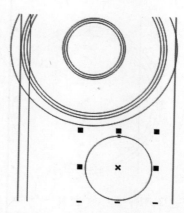

16 建立正圆"By-3a"，值为9.6，与"By-1a"进行【B】、【R】对齐后下移11，左移3.3。

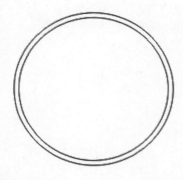

17 选择"By-3a"，复制一个并命名为"By-3b"，值改为9。

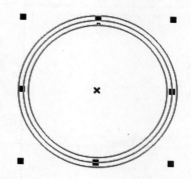

18 选择"By-3b"，复制一个并命名为"By-3c"，值改为8.4。

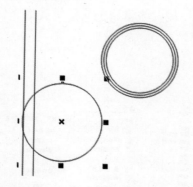

19 建立正圆"By-4a"，值为10，与"By-3a"进行【B】、【L】对齐后下移8.3，左移9.8。

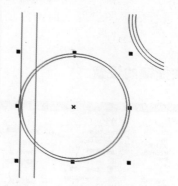

20 选择"By-4a"，复制一个并命名为"By-4b"，值改为9.5。

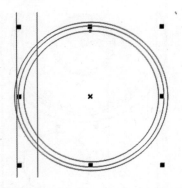

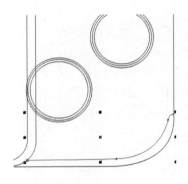

21 选择"By-4b",复制一个并命名为"By-4c",值改为8.8。

22 单击贝塞尔工具,描绘如图外形"B-L",线框粗细改为0.5,按【Ctrl+Shift+Q】组合键,转换为对象。

23 从光盘导入"背面字符.cdr"文件,放置如图位置,这样背面线框制作完成。

通过这两天的学习,已经把CorelDRAW的"矩形"工具与"椭圆"工具运用得如此驾轻就熟了。简简单单的几何图形,通过结合节点编辑等功能,居然可以有这么多的变化。CorelDRAW的线框绘制真的很快速吧!

在进行效果图表现之前,为使后续效果绘制得更加快捷,将常用的快捷键先照下图所示进行设置。

快捷键的设置

01 单击菜单栏的"工具→自定义"。将"填充和轮廓"下的"复制填充属性"的快捷键设置为【Ctrl+Shift+A】组合键。

02 将"效果"下的"复制透明度属性"的快捷键设置为【Ctrl+Shift+B】组合键。

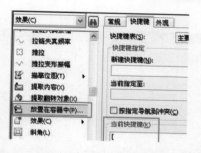 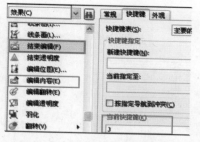

03 将"效果"下的"放置在容器中"的快捷键设置为【[】键。

04 将"结束编辑"的快捷键设置为【J】键；将"编辑内容"的快捷键设置为【]】键。

2.2.2 质感体现

此款超薄相机凭借多彩的外观，时尚的造型，充满了青春的气息；相机四角的弧面彰显时尚现代风格，随意中透露着俏皮，非常适合较为年轻的潮流一族随身携带。机身采用不锈钢材质，表面经过磨砂处理。下面我们来了解一下这两种工艺。

不锈钢

"不锈钢"其实不是单纯指一种不锈钢材质，而是一百多种工业不锈钢，所开发的每种不锈钢都在其特定的应用领域具有良好的性能。

不锈钢不会产生腐蚀、点蚀、锈蚀或磨损，同时不锈钢还是建筑用金属材料中强度最高的材料之一。由于不锈钢具有良好的耐腐蚀性，所以它能使结构部件永久地保持工程设计的完整性。

磨砂

磨砂是将原本表面光滑的物体变得不光滑，使光照射在表面形成漫反射状的一道工序。一般采用机械研磨或手动研磨，制成均匀粗糙的表面，也可以用化学溶液对物体表面进行加工。其优点是手感好，材质细腻，不沾指纹，耐磨。

我们就在实际操作中体验不锈钢经过磨砂处理后的实际材质效果吧！

香槟金色材质体现

正面材质体现

使用到的技术	位图、透明度调整、高斯模糊、杂点
学习时间	25分钟
视频地址	光盘\第2天\3.swf
源文件地址	光盘\第2天\超薄数码相机.cdr
素材地址	光盘\第2天\超薄数码相机\摄像头.jpg
	光盘\第2天\超薄数码相机\闪光灯.jpg

01 选择"A1",进行线性渐变填充:R154、G75、B10→R225、G148、B45→R255、G203、B71→R236、G159、B51→R220、G136、B38→R130、G72、B10。

02 选择"A1",按【+】键复制一个并命名为"A1-a",按【F11】键修改渐变为:R33、G6、B1→R37、G8、B1→R92、G30、B1→R200、G117、B23→R225、G149、B44→R255、G179、B64→R142、G65、B16→R130、G53、B11,线框无色填充。

03 单击工具箱"透明度"工具,进行线性透明渐变填充:黑色→白色→白色→黑色。

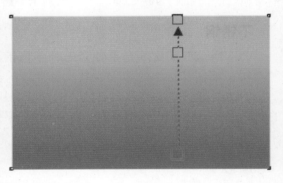

04 建立矩形"A9",值为131*81.2,进行线性渐变填充:R169、G87、B6→R251、G177、B62→R250、G174、B59,线框无色填充;

05 对其添加杂点,弹出的窗口如上图所示进行设置。

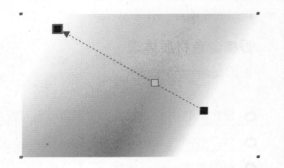

06 选择"A9",进行线性透明渐变填充:黑色→20%黑色→黑色;与"A1"进行【C】、【E】对齐。

 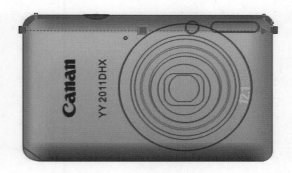

07 选择"A1",按【+】键将其复制两个,其中一个下移2,两者进行修剪,修剪后图形命名为"A1-b";双击"A1-b",修改节点。

08 选择"A1-b",进行线性渐变填充:R111、G43、B6→R133、G79、B41→R102、G34、B2;对其进行高斯模糊,模糊值为3。

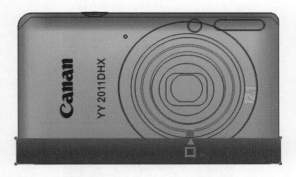 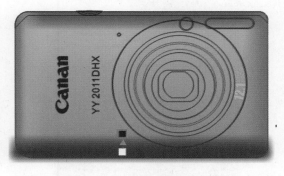

09 建立矩形"A10",值为128*13,与"A1"进行【C】、【B】对齐,进行线性渐变填充:R67、G27、B3→R132、G91、B69,线框无色填充。

10 进行高斯模糊,模糊值为13;选择工具箱中"透明度工具",进行线性透明渐变填充白色→黑色。

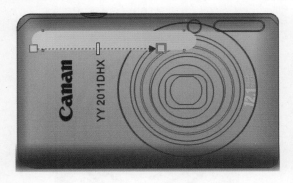 

11 建立矩形"A11",值为79.5*10,倒角5;进行线性渐变填充:R253、G236、B145→R245、G211、B88,线框无色填充。

12 进行高斯模糊,模糊值为5,在属性栏将尺寸改为83*15;进行线性透明渐变填充:白色→黑色。

13 建立矩形"A12"，值为7.4*55，倒角3.7，填充R255、G225、B125，线框无色填充；对其进行高斯模糊，模糊值为36；按【[】键将上述步骤制作的效果置入"A1"内并调整好位置。

14 选择"Y1"，进行线性渐变填充：R139、G68、B10→R255、G225、B76，线框无色填充。

15 选择"Y2"，进行线性渐变填充：R136、G136、B149→白色→10%黑色→40%黑色→R143、G143、B143→40%黑色→20%黑色→30%黑色→80%黑色。

16 选择"Y3"，进行线性渐变填充：R29、G33、B38→R29、G33、B38→R108、G107、B113，线框填充白色。

17 选择"Y4"，进行线性渐变填充：R166、G165、B175→R201、G199、B204，线框填充白色。

18 选择"Y5"，按【Ctrl+Shift+A】组合键，指向"Y3"；选择"Y6"，按【Ctrl+Shift+A】组合键，指向"Y4"。

19 选择"Y7",进行线性渐变填充:R148、G152、B164→R201、G201、B201。

20 选择"Y8",进行线性渐变填充:R148、G152、B164→R201、G201、B201,线框填充白色。

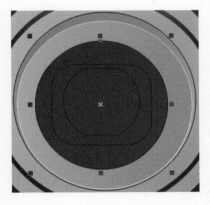

21 选择"Y9",填充R63、G58、B62。

22 选择"A2",填充黑色;从光盘导入"摄像头.jpg"文件,按【[】键置入"A3"内。

23 从光盘导入"字符2.cdr"文件,按【Ctrl+G】键群组,填充白色,与"Y8"进行【C】、【E】对齐。

24 选择"Canon"字符,按【+】键将其复制一个,上移0.2、右移0.2后填充白色。

25 选择"Y4"，按【+】键复制两个，将其中一个右移1后，两者进行修剪，修剪图形填充白色并进行高斯模糊，模糊值为2.4；按【[]】键置入"Y4"并调整好位置。

26 选择"Y6"，按【+】键复制两个，将其中一个右移0.5后，两者进行修剪，修剪图形填充白色，线框无色填充，对其进行高斯模糊，模糊值为2；按【[]】键置入"Y6"并调整好位置。

27 选择"Y10"，进行线性渐变填充：R139、G68、B10→R255、G225、B76，线框无色填充。

28 选择"Y10"与"Y2"进行相交，相交后填充：50%黑色→白色。

29 从光盘导入"摄像头.jpg"文件，按【[]】键置入"Y11"内，调整好位置。

30 建立"圆3"，值为4.8*4.8；与"Y11"进行【C】、【E】对齐；选择"圆3"，填充白色，线框无色填充；进行线性透明渐变填充：白色→黑色。

31 选择"Y12"，按【Ctrl+Shift+A】组合键，指向"Y10"，线框无色填充；选择"Y13"，填充黑色，线框无色填充。

32 选择"L1"，进行线性渐变填充：R253、G214、B103→R240、G195、B88→R128、G79、B16→R227、G170、B73→R107、G54、B8→R243、G178、B56→R201、G137、B26→R252、G200、B116→R237、G159、B33，线框无色填充。

33 选择"A3"，按【Ctrl+Shift+A】组合键，指向"Y10"；选择"A3"与"Y2"进行相交，相交后填充：50%黑色→白色。

34 从光盘导入"闪光灯.jpg"文件，按【[]】键置入"A4"内，调整好位置。

35 选择"A5"，填充R77、G25、B9，线框无色填充。

36 选择"A6"，进行线性渐变填充：R115、G57、B10→R225、G148、B45→R255、G203、B71→R236、G159、B51→R138、G81、B17→R130、G72、B10，线框无色填充。

37 选择"A7",填充R118、G55、B19,线框无色填充。

38 选择"A8"按【Ctrl+Shift+A】组合键,指向"A6"。

39 建立"圆4",值为2*4,与"L1"进行【R】、【B】对齐后右移2,下移3.2,填充白色,线框无色填充。到现在为止,整个A面效果制作完成了,让我们赶紧看看最终效果吧!

背面材质体现

- ○ 使用到的技术　渐变填充、透明度调整、复制填充属性、水平镜像
- ○ 学习时间　20分钟
- ○ 视频地址　光盘\第2天\4.swf
- ○ 源文件地址　光盘\第2天\超薄数码相机.cdr

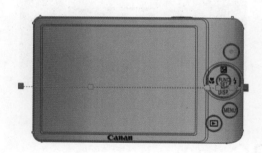

01 选择"B1",按【Ctrl+Shift+A】组合键,指向"A1"。

02 将"A1"内的效果水平复制一份,置入"B1"中,删掉最下面暗部效果与高光。

03 选择"B1"复制两个，将其中一个左移8，下移6后，两者进行修剪，将修剪图形内多余的图形删掉并进行线性渐变填充：R253、G236、B145→R245、G211、B88，线框无色填充。

04 转为位图，进行高斯模糊，模糊值为19，进行透明渐变填充：白色→黑色，将其置入"B1"。

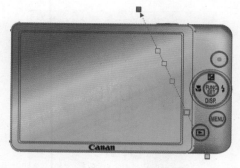

05 将"A1-a"的渐变填充调整为如上图所示，使底下暗部变窄，调整好了后按【J】键结束编辑。

06 选择"B2"，进行线性渐变填充：R255、G213、B0→R215、G148、B45→R220、G136、B38→R255、G203、B71→R255、G229、B0→R130、G72、B10，线框无色填充。

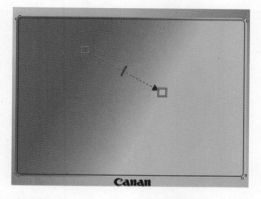

07 选择"B3"，进行线性渐变填充：R181、G101、B36→R255、G203、B71→R236、G159、B51→R176、G106、B32，线框无色填充。

08 选择"B4"，进行线性渐变填充：R139、G68、B10→R255、G210、B76，线框无色填充。

09 选择"B3"复制两个，将其中一个下移0.8，右移0.8后，两者进行修剪，修剪后图形命名为"B3-a"，填充R255、G230、B168，进行线性透明渐变填充：白色→40%黑色。

10 从光盘导入"界面.jpg"文件，置入"B4"。

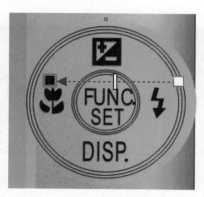

11 选择"By-1a"，填充R230、G171、B34，线框无色填充，进行线性透明渐变填充：白色→黑色。

12 选择"By-1b"，进行线性渐变填充：R139、G68、B10→R255、G210、B76，线框无色填充。

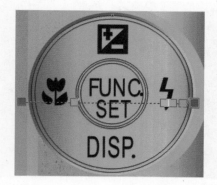

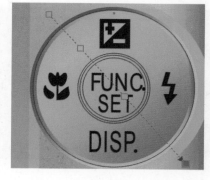

13 选择"By-1c"，进行线性渐变填充：R154、G75、B10→R255、G148、B45→R255、G203、B71→R236、G159、B51→R220、G136、B38→R130、G72、B10。

14 选择"By-1d"，进行线性渐变填充：R225、G142、B49→R255、G191、B64→R225、G139、B37→R145、G85、B20，线框无色填充。

15 选择"By-1e",按【Ctrl+Shift+A】组合键,指向"By-1b",线框无色填充。

16 选择"By-1f",按【Ctrl+Shift+A】组合键,指向"By-1c"。

17 选择"By-1g",按【Ctrl+Shift+A】组合键,指向"By-1d",线框无色填充。

18 选择"By-1a"复制两个,其中一个尺寸改为23.7*23.7,另一个尺寸改为24.5*23.5,两者进行修剪,修剪后图形填充白色。

19 选择"By-1a"复制两个,其中一个尺寸改为24.5*23.5,另一个尺寸改为25.6*23,两者进行修剪,修剪后图形填充R112、G66、B14。

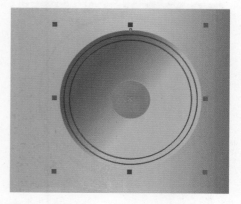

20 选择"By-2a",按【Ctrl+Shift+A】组合键,指向"By-1b",线框无色填充。

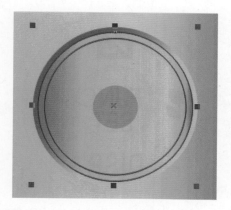

21 选择"By-2b"，按【Ctrl+Shift+A】组合键，指向"By-1c"。

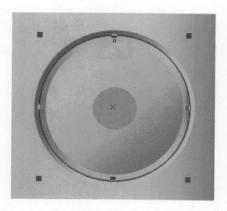

22 选择"By-2c"，按【Ctrl+Shift+A】组合键，指向"By-1d"，线框无色填充。

23 选择"By-3a"，按【Ctrl+Shift+A】组合键，指向"By-1b"，线框无色填充。

24 选择"By-3b"，按【Ctrl+Shift+A】组合键，指向"By-1c"。

25 选择"By-3c"，进行线性渐变填充：R196、G118、B29→R217、G155、B32→R199、G118、B18→R145、G85、B20，线框无色填充。

26 选择"By-4a"，按【Ctrl+Shift+A】组合键，指向"By-1b"，线框无色填充。

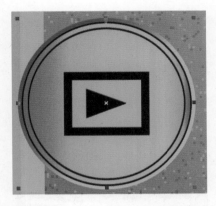

27 选择"By-4b"，按【Ctrl+Shift+A】组合键，指向"By-1c"。

28 选择"By-4c"，进行线性渐变填充：R196、G118、B29→R217、G155、B32→R181、G108、B20→R145、G85、B20，线框无色填充。

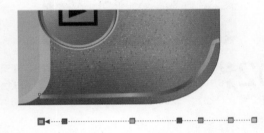

29 选择"B-L"，线性渐变填充：R253、G214、B103→R240、G195、B88→R201、G137、B26→R107、G54、B8→R227、G170、B73→R128、G79、B16→R237、G159、B33。

30 将正面的按键置换过来。

31 将"B1"内的杂点位图复制到"B3"内，整个背面效果制作完成。

2.3 银色材质体现

- 使用到的技术　　位图、透明度调整、轮廓填充、水平镜像
- 学习时间　　45分钟
- 视频地址　　光盘\第2天\5.swf
- 源文件地址　　光盘\第2天\超薄数码相机.cdr

01 框选制作好的香槟金色机，复制一组到新的"页面2"内。

02 选择"A1"按【F11】键，修改渐变填充为60%黑色→R222、G222、B222→白色→R237、G237、B237→R219、G219、B219→60%黑色。

03 按【]】键编辑内容，选择最上面位图，选择"效果→调整→色度/饱和度/亮度"，将饱和度设置为-100。

04 选择最下面的位图，将饱和度设置为-100。

05 选择上面高光，将饱和度设置为-100，亮度设置为100。

06 选择左边高光，将饱和度设置为-100，亮度设置为100。

07 将杂点位图删掉，选择"A1-a"，按【F11】键，修改渐变填充为R43、G43、B43→R43、G43、B43→R94、G94、B94→R199、G199、B199→R219、G219、B219→白色→R143、G143、B143→R130、G130、B130。

08 建立矩形127*76，进行线性渐变填充：50%黑色→20%黑色，线框无色填充。

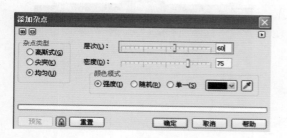

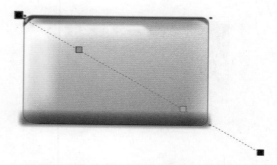

09 将其转为位图，添加杂点，杂点项如上图所示进行设置。

10 进行线性透明渐变填充：黑色→30%黑色→40%黑色→黑色，透明度操作改为亮度；调整好位置后结束编辑。

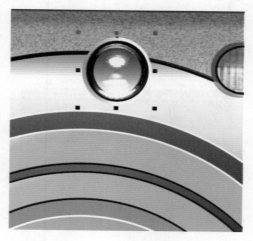

11 选择"Y1"，进行线性渐变填充：黑色→30%黑色。

12 选择"Y10"，按【Ctrl+Shift+A】组合键，指向相交形。

13 先选择"A3",再选择"Y10",按【Ctrl+Shift+A】组合键,指向相交图形;选择"A4",将里面的闪光灯饱和度调整为-100。

14 选择"Y12",按【Ctrl+Shift+A】组合键,指向"Y10"。

15 选择"A5",填充R77、G77、B77。

16 选择"A6",进行渐变填充:R117、G117、B117→R222、G222、B222→白色→R232、G232、B232→R133、G133、B133→R128、G128、B128。

17 选择"A7",填充R120、G120、B120。

18 选择"A8",按【Ctrl+Shift+A】组合键,指向"A6"。

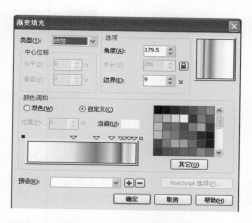

19 选择"L1",双击状态栏渐变色块,选择第一个色块,保持右边色条不动,左边色块往左移。

20 如上图所示将其他色块调整为灰色调,单击【确定】。

21 将制作好的正面银色效果水平镜像复制在旁边,选择"B1",按【Ctrl+Shift+A】组合键,指向复制过来的"A1"。

22 将"A1"内的内容替换掉"B1"内重复的内容。将高光的饱和度设置为-100,亮度调整为80。

23 选择"B2",渐变填充:60%黑色→R222、G222、B222→白色→R237、G237、B237→R219、G219、B219→60%黑色。

24 选择"B3",渐变填充:白色→R222、G222、B222→R219、G219、B219→白色→R247、G247、B247→R122、G122、B122。

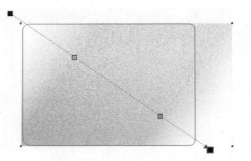

25 将"B1"内的杂点位图替换掉"B3"内的位图，如上图所示拖动渐变填充方向。

26 选择"B3-a"，填充白色。

27 选择"B4"，渐变填充：R135、G135、B135→R240、G240、B240。

28 选择"By-1a"，填充R230、G230、B230。

29 选择"By-1b"，渐变填充：R145、G145、B145→白色。

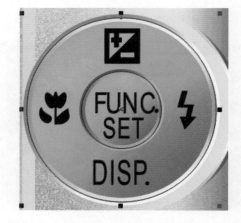

30 选择"By-1c"，渐变填充：40%黑色→R227、G227、B227→白色→R237、G237、B237→R219、G219、B219→R135、G135、B135。

31 选择"By-1d"，渐变填充：R222、G222、B222→白色→R227、G227、B227→R135、G135、B135。

32 选择"By-1e"，按【Ctrl+Shift+A】组合键，指向"By-1b"；选择"By-1f"，按【Ctrl+Shift+A】组合键，指向"By-1c"。

33 选择"By-1g"，按【Ctrl+Shift+A】组合键，指向"By-1d"

34 选择上图所示外形，填充R117、G117、B117。

35 选择"By-2a"，按【Ctrl+Shift+A】组合键，指向"By-1b"。

36 选择"By-2b"，按【Ctrl+Shift+A】组合键，指向"By-1c"。

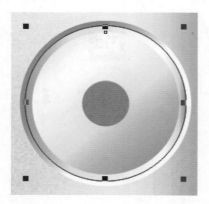

37 选择"By-2c",按【Ctrl+Shift+A】组合键,指向"By-1d"。

38 选择"By-3a",按【Ctrl+Shift+A】组合键,指向"By-1b"。

39 选择"By-3b",按【Ctrl+Shift+A】组合键,指向"By-1c"。

40 选择"By-3c",渐变填充:R196、G196、B196→R212、G212、B212→R199、G199、B199→R145、G145、B145。

41 选择"By-4a",按【Ctrl+Shift+A】组合键,指向"By-1b"。

42 选择"By-4b",按【Ctrl+Shift+A】组合键,指向"By-1c"。

43 选择 "By-4c"，渐变填充：R196、G196、B196→R217、G217、B217→R181、G181、B181→R145、G145、B145。

44 选择 "L-B"，渐变填充：白色→R240、G240、B240→R196、G196、B196→R105、G105、B105→R224、G224、B224→R128、G128、B128→R240、G240、B240。

45 最后将按键置换成银色，整机效果制作完成。

温 ♥ 小提示

在原有材质基础上，进行不同颜色制作，可以通过拖动色块来观察。

1、左边色块水平往左移动，能保持原有的明暗关系，只是将色调饱和度变为灰色调了。

2、右边色块上下移动，既能保持原有的明暗关系，又使饱和度不变，只是色彩的色相有变化。

☆ 自我评价 ☆

运用CorelDRAW软件中的位图工具进行产品设计，是不是更快捷呢？尤其是其高斯模糊特效，能使原本比较生硬的效果变得更加柔和，同时画面也丰富不少；而杂点的运用也可以很好地表现产品的磨砂质感！好了，我们已经学会了灵活运用位图，仔细观察还有哪些产品用位图表现会更快捷呢？！

2.4 排版

双击工具栏中的"矩形"工具图标，形成了一个页面大小的矩形，对其线框进行无色填充；单击标准栏的"导出"图标，将文件导出为"超薄数码相机.jpg"图片；在Photoshop中根据个人喜好加上背景。

2.5 小结与课后练习

今天除了继续加深对CorelDRAW基本几何图形的理解外，添加了位图使用技巧！位图的使用，不仅使得画面更柔和，而且能节省大量时间。

为了自测一下今天的学习成果，可以在课后将今天绘制的效果换成其他颜色！

第 ③ 天　熟能生巧

　　前两天我们学习的是对规则几何图形的塑造，那么对于不规则外形的图形在材质方面我们该如何表现呢？。

　　交互式调和工具是什么样的工具呢？是不是所有不规则外形的图形都能用呢？

　　还是让我们看看今天的内容吧。

学习目的：**塑造不规则图形**

知 识 点：**交互式调和、贝塞尔、高斯模糊**

学习时间：**一天**

交互式调和工具的妙用

3.1 轻松掌握交互式调和工具的使用技巧

交互式调和工具能够创建对象之间的形状、颜色、轮廓及尺寸的过渡效果。在调和过程中，对象的外形、排列次序、填充方式、结点位置和数目都会直接影响调和结果。交互式调和工具的对象应该是两个或两个以上。

如何进行"交互式调和"

交互式调和的建立有几种方式：

1. 直接调和

● 绘制两个图形，在工具箱选择"交互式调和"工具，将鼠标移至一个所选对象后，拖动至另一图形。如下图所示。

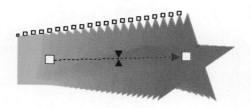

> **提 示：**
>
> 在进行直接调和过程中，为保证调和出来的外形顺滑，节点的起始位置和节点的数目尽量保持一致，最好是先建立一个图形A，并将A复制得到新的图形B，对B节点进行适当调整，再对两者进行调和。

2. 沿路径调和

● 先进行直接调和，再绘制一条路径，在属性栏中选择"新建路径"，指向刚才绘制的路径。如下图所示。

3. 复合调和

● 直接调和的图形可与前两个图形进行调和。如下图所示。

自我检测

　　对交互式调和工具的几种方式都进行了尝试，是否急于知道在实际产品设计中，我们该如何运用呢？下面就跟随我一起去体验一下吧！

　　交互式调和工具的使用，使得画面效果更柔和，那么在接下来的案例中哪里会运用到呢？

3.2 实战演练——手表制作

手表表带通常是利用皮革、像胶、尼龙布、不锈钢等材料制成并将显示时间的"表头"系在手腕上。我们今天选此款机型作为案例，虽说也是采用的不锈钢材质，但因为表带的不规则外形，我们需要采用不同的表现手法。

○ 使用到的技术	椭圆工具、旋转复制、相交
○ 学习时间	20分钟
○ 视频地址	光盘\第3天\1.swf
○ 源文件地址	光盘\第3天\手表.cdr
○ 素材地址	光盘\第3天\手表\表带.cdr
	光盘\第3天\手表\字符.cdr

3.2.1 线框绘制

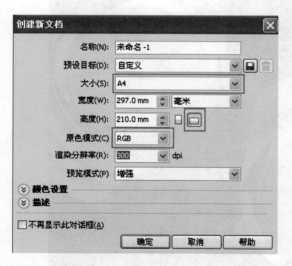

01 运行CorelDRAW程序，新建文件，将文件保存为"手表"。

02 建立圆"Y1"，值为94*89.5；建立圆"Y2"，值为94*87.9，两者进行【T】、【C】对齐。

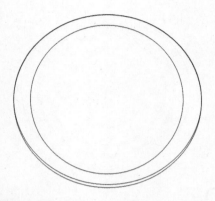

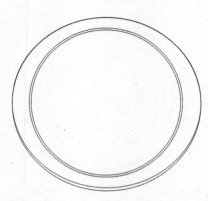

03 建立圆"Y 3", 值为76.4*77, 与"Y 1"进行【C】、【E】对齐。

04 建立圆"Y 4", 值为74.5*75, 与"Y 3"进行【C】、【E】对齐。

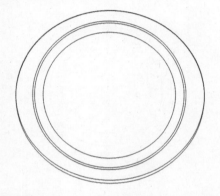

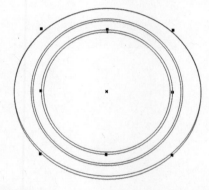

05 建立圆"Y 5", 值为66*65.3, 与"Y 4"进行【C】、【E】对齐。

06 建立圆"Y 6", 值为63.7*63, 与"Y 5"进行【C】、【E】对齐。

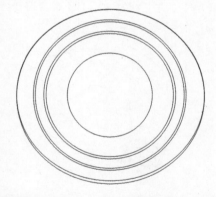

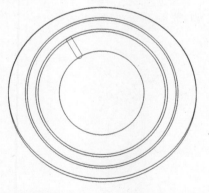

07 建立圆"Y 7", 值为42.5*42.8, 与"Y 6"进行【C】、【E】对齐。

08 建立矩形"A 1", 值为3*12, 倒角为

.0 mm	.0 mm
1.5 mm	1.5 mm

, 在属性栏修改旋转角度为31°, 与"Y6"进行【L】、【T】对齐后右移13.7, 下移2.8。

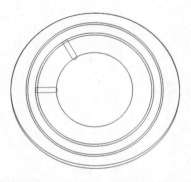

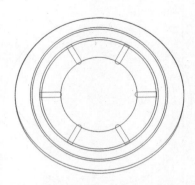

09 选择"A1",单击一次变成旋转图标,将旋转轴移到圆"Y6"的中心,左键拖动"A1",观察属性栏角度值为91°时,按下鼠标右键,将"A1"复制一个命名为"A2"。

10 选择"A2",按键盘【Ctrl+R】组合键四次,所复制出来的矩形分别命名为"A3、A4、A5、A6"。

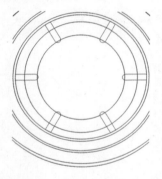

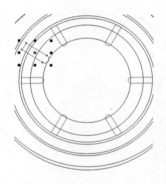

11 选择"A1",按住【Shift】键不放加选"A2~A6",组合为"Z1",选择"Z1"与"Y6",两者进行相交,删掉"Z1",选择相交后的图形进行打散,打散后的图形仍命名为"A1~A6"。

12 建立矩形"B1-a",值为4*14,倒角 在属性栏修改旋转角度为57.8°,与"Y6"进行【L】、【T】对齐后右移0.2,下移12.8。

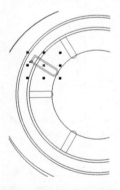

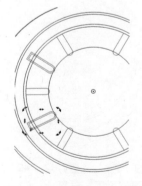

13 单击工具箱"交互式轮廓图工具",属性栏修改为向内缩放,偏移值为0.6,单击鼠标右键,选择"打散轮廓图群组",偏移出来的形命名为"B1-b"。

14 选择"B1-a"与"B1-b",两者进行群组为"Z2",单击"Z2"一次变成旋转图标,将旋转轴移到圆"Y6"的中心,左键拖动"Z2",观察属性栏角度值为59.2°时,按鼠标右键,将"Z2"复制后命名为"Z3"。

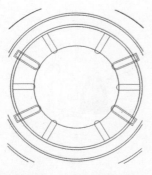

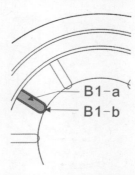

15 按键盘【Ctrl+R】组合键3次，复制出来的图形分别命名为"Z4、Z5、Z6"后，删掉"Z4"。

16 选择"Z3"与"Y6"，两者进行相交后删掉"Z3"，相交图形解散群组后命名为"B2-a"与"B2-b"。

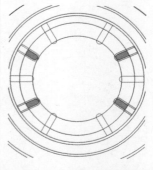

17 重复上步操作，将"Z3、Z5、Z6"分别与"Y6"进行相交并解散群组，打散后的名称依次为"B2-a""B2-b"、"B3-a""B3-b"、"B4-a"、"B4-b"。

18 选择"Y6"，按【+】键复制一个并命名为"Y6-b"，值改为54.8*56，选择"Y6-b"，分别与"B1-b、B2-b、B3-b、B4-b"进行相交，相交图形命名为"B1-c、B2-c、B3-c、B4-c"，如上图所示（为清晰显示，填充了灰色）。

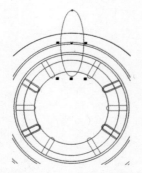

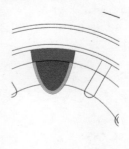

19 建立圆"Y7-a"，值为13.3*39，与"Y6"进行【C】、【T】对齐后上移26。

20 单击工具箱"轮廓图工具"，属性栏修改为向内缩放，偏移值为1.0，单击鼠标右键，选择"拆分轮廓图群组"，偏移出来的图形命名为"Y7-b"，选择"Y7-a"与"Y6"进行相交，相交图形命名为"C1-a"；选择"Y7-a"与"Y6-b"进行相交，相交图形命名为"C1-b"，选择"Y7-b"与"Y6-b"进行相交后删掉"Y7-b"，相交图形命名为"C1-c"。

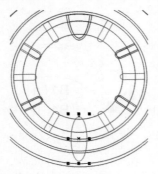

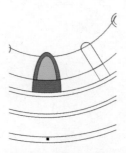

21 建立圆"Y7-c",值为7.7*22.5,与"Y6"进行【C】、【B】对齐后下移11.2。

22 将其向内缩放1.0并进行打散,偏移后得到的图形命名为"Y7-d",选择"Y7-c"与"Y6"进行相交,相交图形命名为"C2-a";选择"Y7-c"与"Y6-b"进行相交,相交图形命名为"C2-b";选择"Y7-d"与"Y6-b"进行相交后删掉"Y7-d",相交图形命名为"C2-c"。

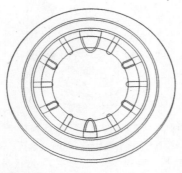

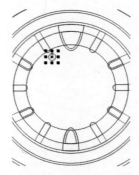

23 选择B1-a、B2-a、B3-a、B4-a"分别与"Y6-b"进行相交,相交图形命名为"A1-2、A1-4、A1-6、A1-8";选择"A1~A6、B1-a、B2-a、B3-a、B4-a"进行组合命名为"A1"后删掉多余图形。

24 建立正圆"ZY-1",值为3.4*3.4,与"Y6-b"进行【L】、【T】对齐后右移16.7,下移11。

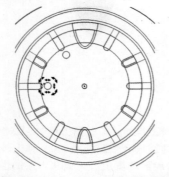

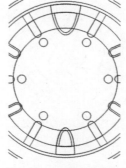

25 选择"ZY-1",单击一次后变成旋转图标,将旋转轴移到圆"Y6"的中心,左键拖动"ZY-1",观察属性栏角度值为60°时,按下鼠标右键,将"ZY-1"复制后命名为"ZY-2"。

26 选择"ZY-2",按键盘【Ctrl+R】组合键4次,复制出来的图形分别命名为"ZY-3、ZY-4、ZY-5、ZY-6"。

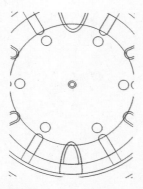

27 建立正圆"ZY-7"，值为2.8，与"Y6"进行【C】、【E】对齐，按键盘【+】键复制一个命名为"ZY-8"，并将其值改为2.2。

28 建立矩形"Z-1"，值为3*24.5，倒角为

.0 mm		.0 mm
1.5 mm		1.5 mm

，单击鼠标右键选择【转换为曲线】，在上线段中间增加一个节点，上面左右两个节点下移1.7。

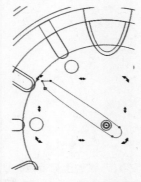

29 将左右两边线段转为曲线后，左上节点往右移动0.3，右上节点往左移动0.3；将左右线段往外移动0.3。

30 选择"Z-1"与"ZY-7"进行【C】、【B】对齐后下移3.7，并以"ZY-7"为圆心旋转55°。

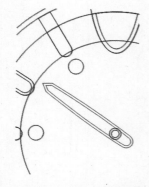

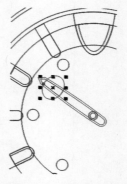

31 选择"Z-1"，单击工具箱中"轮廓图工具"，属性栏修改为向内缩放，偏移值为0.5，单击鼠标右键，选择"拆分轮廓图群组"，偏移出来的形命名为"Z-1b"。

32 建立圆"Y-1"，值为7.6*6，旋转55°，与"Z-1b"进行【L】、【T】对齐后上移1，右移0.5，两者进行相交，相交图形命名为"Z-1a"。

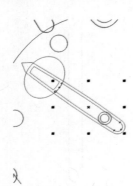 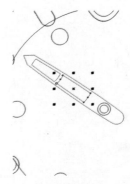

33 选择"Y-1"，将值改为8*8.5，用"Y-1"修剪图形"Z-1b"，打散修剪图形并删掉上半部分后将下半部分命名为"Z-1c"。

34 选择"Y-1"，将值改为23*24.4，并与"Z-1c"进行相交后删掉"Z-1c"与"Y-1"，相交图形命名为"Z-1d"。

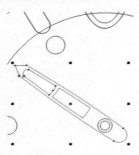 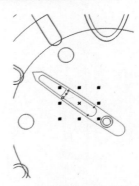

35 选择"Z-1a"调整上面节点，使其顺滑（如上图所示）；选择"Z-1"与"Z-1a"，两者进行组合后命名为"Z-1"。

36 选择"Z-1d"调整下面节点（如上图所示）。

37 建立矩形"Z-2"，值为3*37，倒角为

.0 mm		.0 mm
1.5 mm		1.5 mm

，单击鼠标右键选择【转换为曲线】，在上线段中间增加一个节点，上面左右两个节点下移1.7。

38 将左右两边线段转为曲线后，左上节点往右移动0.3，右上节点往左移动0.3，将左右线段往外移动0.3。

39 选择"Z-2"与"ZY-7"进行【C】、【B】对齐后下移4.5，并以"ZY-7"为圆心旋转299°。

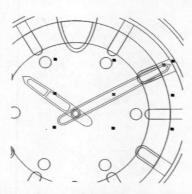

40 选择"Z-2"，向内偏移0.5后打散群组，偏移出来的图形命名为"Z-2b"。

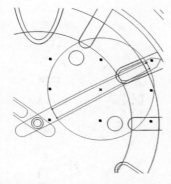

41 建立正圆"Y-1"，值为24，与"Z-2b"进行【C】、【E】对齐后上移2，右移3，两者进行相交后删掉"Z-2b"，相交图形命名为"Z-2c"。

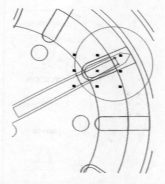

42 选择"Y-1"，将值改为16.3，右移10，上移5，选择"Y-1"与"Z-2c"，两者进行相交，得出的图形命名为"Z-2a"。

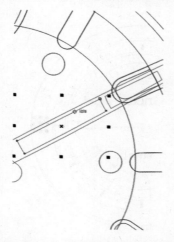

43 选择"Y-1"，将值改为18，修剪"Z-2c"后删掉"Y-1"。

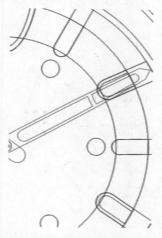

44 选择"Z-2a"调整上面节点，使其顺滑（如上图所示）；选择"Z-2"与"Z-2a"，两者进行组合为"Z-2"；选择"Z-2c"调整下面节点（如上图所示）。

45 建立三角形"Z-3",值为0.9*41,旋转267度,与"ZY-7"进行【E】、【L】对齐后左移9.4,下移0.3。

46 从光盘导入"字符.cdr"文件,将字符与"Y6"进行【C】、【E】对齐。

47 建立圆"Y8-a",值为6*6.3,与"Y2"进行【E】、【L】对齐后右移1.5。

48 选择"Y8-a",按键盘【+】键复制一个命名为"Y8-b",值改为4.8*5。

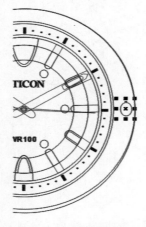

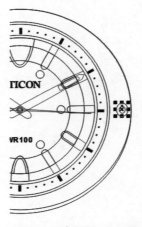

49 选择"Y8-a",按键盘【+】键复制一个命名为"Y9-a",值改为4.8*5.8,与"Y2"进行【E】、【R】对齐后左移1.4。

50 选择"Y9-a",按键盘【+】键复制一个命名为"Y9-b",值改为3*3.3。

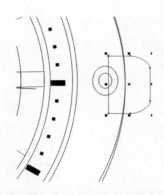

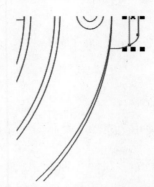

51 建立矩形 "A7-a"，值为8*11.4，倒角为 ，与 "Y1" 进行【E】、【R】对齐后右移4.8，转换为曲线后双击 "A7-a"，中间两个节点往左移动1.4。

52 选择 "Y1" 修剪 "A7-a"；建矩形 "A7"，值为1.6*11，与 "A7-a" 进行【E】、【R】对齐，两者进行相交后删掉 "A7"，相交图形命名为 "A7-b"。

53 从光盘导入 "表带.cdr" 文件，将其群组后与 "Y1" 进行【C】、【E】对齐，并下移3，之后解散群组。

温♥小提示

　　1．表带线框绘制没有任何技巧可言，只需耐心描绘即可，为节省时间，此处省略步骤。
　　2．表带的某些线条后续需要删掉，现在仅供大家学习参考。

3.2.2 质感体现

　　手表的历史源远，品牌林立，各种手表接受消费者挑剔的审美，散发着不一样的精彩。今天借此手表的主题，简单介绍一下表带与表盘经常涉及到的材料。

碳纤维

　　在制表业界，碳材料目前主要应用在表盘和表壳的制造上。采用碳材料制作的手表，厂家多选用在运动款式上，以彰显时尚的个性和稀贵的特征。

合金

　　合金，顾名思义就是由两种以上的金属或金属与非金属经熔炼或烧结或用其它方法组合而成的具有金属特性的物质。合金利用各种元素的结合，可以使材料在强度、硬度、耐磨性、耐腐蚀性等方面得到改善。

陶瓷

高科技陶瓷材料最大的特点是硬度高、抗划痕、颜色持久、皮肤友好等，但其最大的缺点是脆性大。

夜光材料

手表上使用荧光涂层是利用荧光材料受激后发光的原理。

硅胶表带

对于橡胶表带我们并不陌生。而硅胶作为表带材质的新宠，在运动表与潜水表中经常出现。一般而言，硅胶产品无色无味的，但橡胶制品或多或少会有一些味道。

纳米材料

在钟表制造过程中，应用纳米技术对高光洁度的手表外观配件（如表壳、表镜、表带等）进行镀膜处理，大大增强了手表的抗磨损性，令手表经久耐磨，保持历久弥新的亮丽。我们今天涉及到的材料以金属为主！我们该如何表现呢？

表盘效果制作

表盘效果制作方法，可以依据前面所学，主要是进行渐变填充与交互式调和。

○ 使用到的技术	渐变填充、交互式调和
○ 学习时间	40分钟
○ 视频地址	光盘\第3天\2.swf
○ 源文件地址	光盘\第3天\手表.cdr

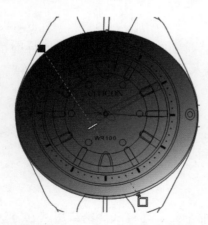 

01 选择"Y1"，进行线性渐变填充：黑色→白色。

02 选择"Y3"，进行锥形渐变填充：黑色→白色→白色→黑色→60%黑色→白色→白色。

03 选择"Y2"，填充黑色，单击工具箱"贝塞尔"工具，描绘如上图所示外形并填充白色。

04 单击工具箱"贝塞尔"工具，描绘如上图所示外形，进行线性渐变填充：70%黑色→40%黑色。

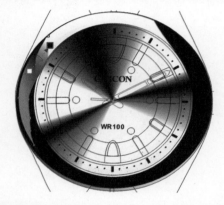

05 进行线性透明渐变填充：白色→黑色；单击鼠标右键，选择【置于此对象前】指向"Y2"。

06 单击工具箱"贝塞尔"工具，描绘如上图所示外形并填充白色。

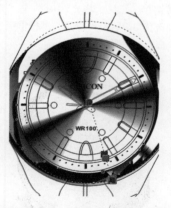

07 进行线性透明渐变填充：白色→白色→黑色→白色→白色→黑色。

08 单击工具箱"贝塞尔"工具，描绘如上图所示外形，进行射线渐变填充：R71、G33、B23→R145、G81、B67→R74、G7、B6→R102、G40、B42；选择制作好的四个外形，置入"Y2"内。

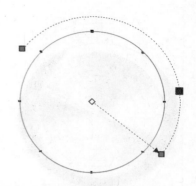

09 选择"Y4"，填充：R246、G179、B48。

10 选择"Y4"，复制一个并命名为"Y4-a"，按【Ctrl+Shift+Q】组合键，将轮毂转换为对象；进行锥形渐变填充：R255、G128、B31→R133、G16、B0→R255、G133、B46。

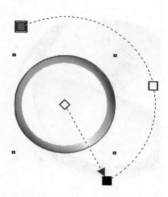

11 将"Y4-a"复制一个并命名为"Y4-b"，尺寸改为63.7*64.2，填充：R255、G164、B59；单击工具箱"调和"工具，将"Y4-a"与"Y4-b"进行渐变，步长改为100后转为位图，进行锥形透明渐变填充：黑色→白色→50%黑色。

12 选择"Y5"，填充：R248、G190、B56；线框无色填充。

13 选择"Y6"与"Y6-b"，按【Delete】键删掉。

14 选择"Y7"，填充：R235、G171、B48；线框填充：R238、G132、B34。

15 选择"A1",进行射线渐变填充：R136、G118、B114→50%黑色→70%黑色→70%黑色；线框填充：R117、G69、B38。

16 选择"A1-1、A1-3、A1-5、A1-6、A1-8、A1-10"按【Delete】键删掉。

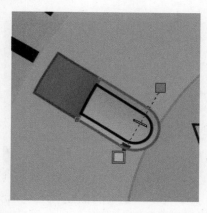

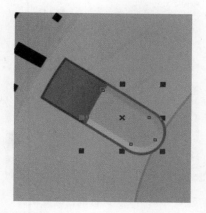

17 选择"A1-2",进行线性渐变填充：R196、G153、B32→R242、G213、B145；线框填充：R161、G95、B34。

18 选择"B1-c"填充：R229、G185、B0；线框进行无色填充。

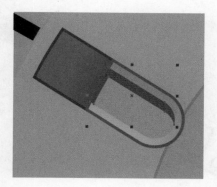

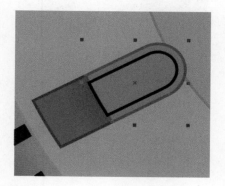

19 选择"B1-c",按键盘【+】键两次,复制两个图形,将其一个下移0.7后两者进行修剪后删掉多余图形,修剪图形填充：R150、G89、B5。

20 选择"A1-4",填充：R196、G153、B32；线框填充：R161、G95、B34。

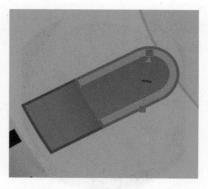

21 选择"B2-c",进行线性渐变填充填充：R211、G2、B11→R176、G3、B3；线框进行无色填充。

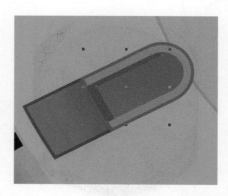

22 选择"B1-c",按键盘【+】键两次，复制两个图形，一个右移0.7后两者进行修剪后删掉多余图形，修剪图形填充：R157、G12、B3。

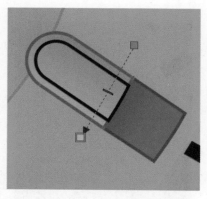

23 选择"A1-7",进行线性渐变填充：R196、G153、B32→R242、G213、B145；线框填充：R161、G95、B34。

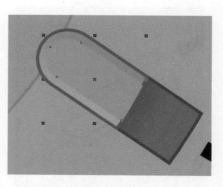

24 选择"B3-c"填充：R229、G185、B0；线框进行无色填充。

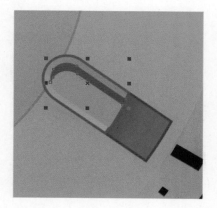

25 选择"B3-c",按键盘【+】键两次，复制两个图形，将其一个下移0.7后两者进行修剪后删掉多余图形，修剪图形填充：R150、G89、B5。

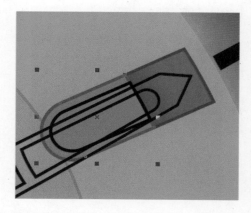

26 选择"A1-9",填充：R196、G153、B32；线框填充：R161、G95、B34。

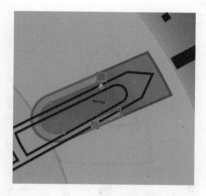

27 选择"B4-c"，进行线性渐变填充：R211、G2、B11→R176、G3、B3；线框无色填充。

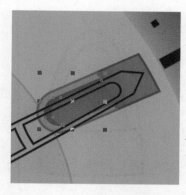

28 选择"B1-c"，按键盘【+】键两次，复制两个图形，将其一个右移0.7后两者进行修剪后删掉多余图形，修剪图形填充：R157、G12、B3。

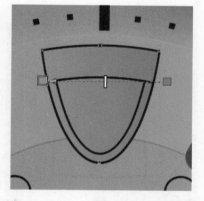

29 选择"C1-a"，进行线性渐变填充：R150、G149、B150→30%黑色。

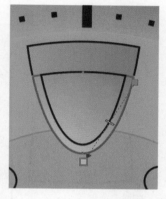

30 选择"C1-b"，进行线性渐变填充：R196、G153、B32→R242、G213、B145；线框填充：R150、B89、B5。

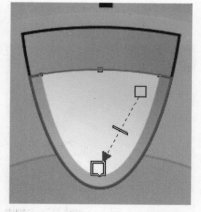

31 选择"C1-c"，进行线性渐变填充：R231、G222、B229→白色；线框无色填充。

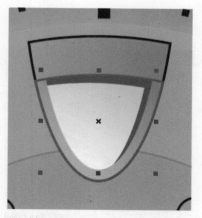

32 选择"C1-c"，按键盘【+】键两次，复制两个图形，将其一个左移0.7、下移0.7后，两者进行修剪后删掉多余图形，修剪图形填充：R135、G89、B37。

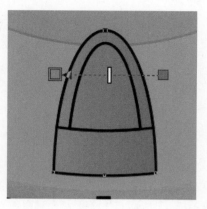

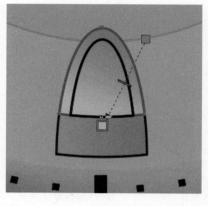

33 选择"C2-a",进行线性渐变填充:R150、G149、B150→30%黑色。

34 选择"C2-b",进行线性渐变填充:R196、G153、B32→R242、G213、B145;线框填充:R150、G89、B5。

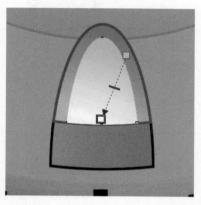

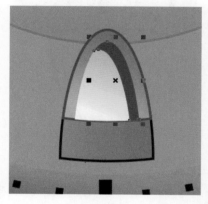

35 选择"C2-c",进行线性渐变填充:R231、G222、B229→白色;线框无色填充。

36 选择"C2-c",按键盘【+】键两次,复制两个图形,将其一个左移0.7、下移0.7后,两者进行修剪后删掉多余图形,修剪图形填充:R135、G89、B37。

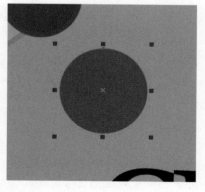

37 选择"ZY-1",填充:R149、G81、B0;线框无色填充。

38 按键盘【+】键复制一个图形,下移0.7与"ZY-1"进行相交,相交图形命名为"ZY-1b",进行线性渐变填充:R232、G183、B84→R186、G146、B13。

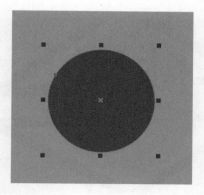

39 选择"ZY-2",填充：R157、G12、B3；线框无色填充。

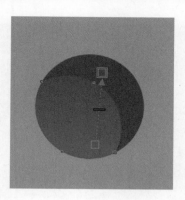

40 选择"ZY-2",按键盘【+】键复制一个图形后，下移0.7并左移0.7，与"ZY-2"进行相交，相交图形命名为"ZY-2b"，进行线性渐变填充：R211、G2、B11→R176、G3、B3。

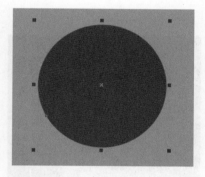

41 选择"ZY-3",填充：R124、G72、B25；线框无色填充。

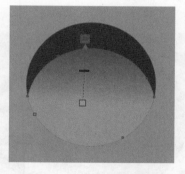

42 选择"ZY-3",按键盘【+】键复制一个图形后，下移0.7与"ZY-3"进行相交，相交图形命名"ZY-3b"，进行线性渐变填充：R207、G184、B180→R130、G108、B108。

43 选择"ZY-4",按【Ctrl+Shift+A】组合键，指向"ZY-1"，线框无色填充；选择"ZY-4"，按键盘【+】键复制一个图形，下移0.7并左移0.7，两者进行相交，相交图形命名为"ZY-4b"，按【Ctrl+Shift+A】组合键，指向"ZY-1b"，线框无色填充。

44 选择"ZY-5",按【Ctrl+Shift+A】组合键，指向"ZY-2"，线框无色填充；选择"ZY-5"，按键盘【+】键复制一个图形后，下移0.7，两者进行相交，相交图形命名为"ZY-5b"，按【Ctrl+Shift+A】组合键，指向"ZY-2b"，线框无色填充。

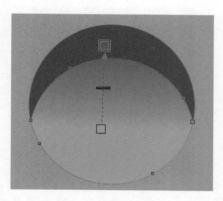

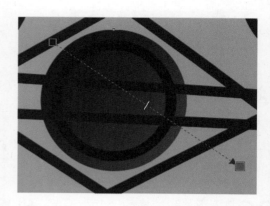

45 选择"ZY-6",按【Ctrl+Shift+A】键,指向"ZY-3",线框无色填充;选择"ZY-6",按键盘【+】键复制一个图形后下移0.7,两者进行相交,相交图形命名为"ZY-6b",按【Ctrl+Shift+A】键,指向"ZY-3b",线框无色填充。

46 选择"ZY-7",进行线性渐变填充:黑色→60%黑色;线框无色填充。

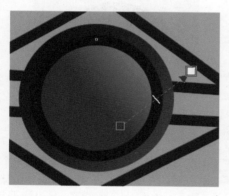

47 选择"ZY-8";进行线性渐变填充:80%黑色→白色;框选两个正圆,按【Shift+pgup】组合键。

48 单击工具箱"贝塞尔"工具,描绘如上图所示外形,填充白色。

49 描绘如上图所示外形,填充:30%黑色;再进行线性透明渐变填充:白色→黑色。

50 选择"Z-1、Z-2、Z-3"填充黑色,线框无色填充;选择"Z-1d、Z-2c"填充白色,线框无色填充。

51 选择"Z-1、Z-2、Z-3",按键盘【+】键复制一组图形后下移0.7,填充:R167、G104、B25;单击鼠标右键,选择【置于此对象后】指向"Z-1"。

52 建立"正圆1",值为6.8,填充:R167、G104、B25,线框无色填充;单击工具箱透明度工具,进行标准填充,透明度为100,选择"正圆1",按键盘【+】键复制一个命名为"正圆2",尺寸改为2.5,单击工具箱透明度工具,选择属性栏清除透明度;单击工具箱调和工具,对正圆1和2进行调和,调和值改为50。

53 将其与"Y6"进行【C】、【E】对齐,并置于"Y7"前。

54 单击工具箱"贝塞尔"工具,描绘如上图所示外形,填充白色,线框无色填充;再进行线性透明渐变填充:白色→黑色。

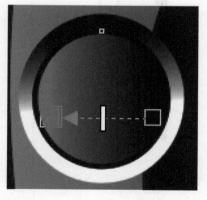

55 选择"Y8-a",进行线性渐变填充:黑色→白色,线框无色填充。

56 选择"Y8-b",进行线性渐变填充:黑色→50%黑色。

57 建立一个圆与"Y8-b"进行相交，相交图形填充白色。

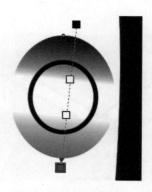

58 选择"Y9-a"，进行线性渐变填充：黑色→白色→白色→60%黑色，线框无色填充。

59 选择"Y9-b"，进行线性渐变填充：黑色→50%黑色。

60 单击工具箱"贝塞尔"工具，描绘如上图所示外形，填充白色，线框无色填充。

61 选择"A7-a"，进行线性渐变填充：30%黑色→30%黑色→60%黑色→白色→白色→90%黑色→R225、G225、B225→白色→R132、G131、B130→30%黑色→30%黑色→50%黑色→20%黑色→20%黑色→60%黑色→60%黑色→30%黑色→30%黑色。

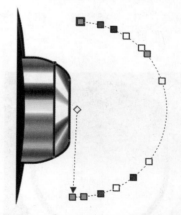

62 选择"A7-b"，进行锥形渐变填充：30%黑色→60%黑色→70%黑色→白色→白色→30%黑色→白色→白色→30%黑色→白色→70%黑色→白色→60%黑色→30%黑色→30%黑色。

表带效果制作

- **使用到的技术** 渐变填充、交互式调和
- **学习时间** 40分钟
- **视频地址** 光盘\第3天\3.swf
- **源文件地址** 光盘\第3天\手表.cdr

01 选择表带外轮廓，进行线性渐变填充：80%黑色→40%黑色→黑色→40%黑色。

02 建立圆"J1-a"，值为95.5*75.4，与"Y2"进行【C】、【E】对齐；选择"J1-a"，按键盘【+】键复制为"J1-b"，值改为120.5*74.6，上移10.3，选择"J1-a"，在属性栏修改圆为弧形，角度为 ⟳ 23.0 159.0，线框填充白色；选择"J1-b"，在属性栏修改圆为弧形，角度为 ⟳ 53.3 124.0，尺寸改为69.7*11，线框填充50%黑色；单击工具箱调和工具，对"J1-a"与"J1-b"进行调和，调和值设为200，属性栏修改"对象和颜色加速"为 。

03 选择 "J1-b"，复制两条分别命名为"J1-c"与"J1-d"；选择"J1-d"上移9，线框填充黑色，单击工具箱调和工具，对"J1-c"与"J1-d"进行调和，调和值设为200，属性栏修改"对象和颜色加速"为 。

04 选择"J1-d"，复制两条分别命名为"J1-d1"与"J1-d2"；选择"J1-d2"，尺寸改为69.7*9.2，线框填充50%黑色，下移1，选择"J1-d1"，线框填充白色，单击工具箱调和工具，对"J1-d1"与"J1-d2"进行调和。

05 选择调和形，按住【Ctrl】键，垂直往上复制一组，名称仍和以前一样。

06 选择复制出来的图形，尺寸改为69.5*17.5，选择复制后的"J1-c"，线框填充80%黑色，选择复制后的"J1-d"，线框填充：R183、G183、B183。

07 单击鼠标右键，选择【置于此对象后】指向"J1-d2"，属性栏修改"对象和颜色加速"

为 。

08 选择复制后的"J1-d2"，线框填充30%黑色。

09 选择"步骤6"所建立的深色调和图形，按住【Ctrl】键，垂直往上复制一组。

10 将复制出来的上面线条线框填充20%黑色，下面线条线框填充60%黑色。

11 单击鼠标右键，选择【置于此对象前】指向表带外轮廓，在属性栏将尺寸改为69.7*21.6。

12 按键盘【[】键将上面步骤制作的效果置入到表带内，调好位置。

13 建立圆"J2-a"，值为98*86，与"Y2"进行【C】、【E】对齐，选择"J2-a"，按键盘【+】键复制图形后命名为"J2-b"，值改为128*112，选择"J1-a"，改为弧形，角度为 211.0 336.0 ；选择"J2-b"，改为弧形，角度为 238.0 304.0 ，线框填充30%黑色；对"J2-a"与"J2-b"进行调和，调和值设为200。

14 选择"J2-b"复制两条分别命名为"J2-c"与"J2-d"；选择"J2-d"，尺寸改为90*18，上移3，右移3后旋转5.3°，线框填充50%黑色，选择"J2-c"，线框填充白色，单击工具箱调和工具，对"J2-c"与"J2-d"进行调和，调和值设为50。

15 选择"J2-c"复制两个分别命名为"J2-c1"与"J2-c2";选择"J2-c2"下移8,旋转358°,线框填充10%黑色,选择"J2-c1",线框填充70%黑色;对"J2-c1"与"J2-c2"进行调和,调和值设为200。

16 选择"J2-c2"复制两个分别命名为"J2-d1"与"J2-d2";选择"J2-d2"上移1.5,旋转改为0度,线框填充20%黑色,选择"J2-d1",线框填充白色;对"J2-d1"与"J2-d2"进行调和。

17 选择"J2-c1"与"J2-c2",按住【Ctrl】键,垂直向下复制一组分别命名为"J3-1"与"J3-2"。

18 选择"J3-2",下移5,单击鼠标右键,选择【置于此对象前】,指向表带外轮廓。

19 选择"J3-2",复制两个分别命名为"J3-2a"与"J3-2b";选择"J3-2a",线框填充黑色,选择"J3-2b",尺寸改为69.7*7.4,线框填充50%黑色;两者进行调和。

20 按键盘【[】键将上面步骤制作的效果置入到表带内,调好位置。

21 选择"M1"如上图所示进行线性渐变填充:40%黑色→20%黑色。

22 选择"M1"复制两个,一个下移1.5,尺寸改为28.9*6.65,两者进行修剪,修剪形命名为"M1-a",选择"M1-a",填充白色,线框无色填充;对其进行高斯模糊,模糊值设置为5。

23 选择"M2",按【Ctrl+Shift+A】组合键,指向"M1",将"M1-a"复制一个并命名为"M1-b"放在"M2"上方,尺寸改为32.5*6.5。

24 选择"M3",进行线性渐变填充:黑色→60%黑色→20%黑色。

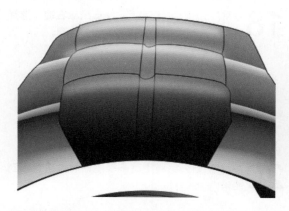

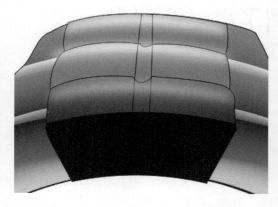

25 将"M1-a"复制一个并命名为"M1-c"放在"M3"上方,尺寸改为33.4*6.8,单击菜单栏"效果→调整→亮度/对比度/强度",将亮度调整为-17。

26 建立圆71*40.4,与"M3"进行【C】、【T】对齐后下移6,两者进行相交,相交图形填充黑色。

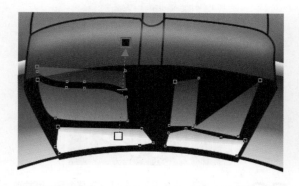

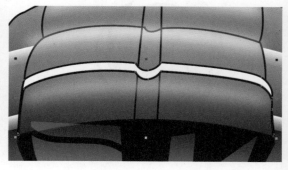

27 单击工具箱"贝塞尔"工具,描绘如上图所示外形,填充白色,进行线性透明渐变填充:白色→黑色。

28 选择"M3",复制出两个图形,一个下移1.1,两者进行修剪,修剪图形填充白色,放在如上图所示"M2"下方位置。

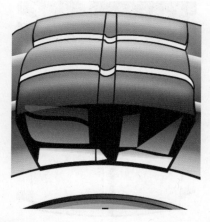

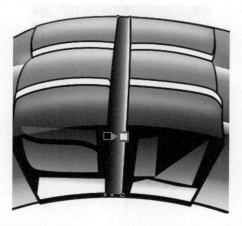

29 选择"M1",复制两个,一个上移1,两者进行修剪,修剪形填充白色,放在"M1"下方如上图所示位置。

30 选择"M4",按【Shift+Pgup】组合键,进行线性渐变填充:黑色→白色。

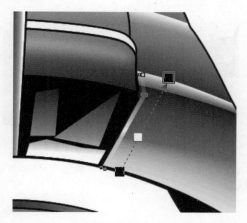

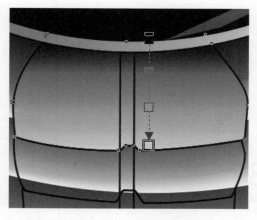

31 单击工具箱"贝塞尔"工具,描绘如上图所示外形,放在"M3"右边,填充白色,线框无色填充;进行线性透明渐变填充:黑色→白色→黑色。

32 选择"M5",进行线性渐变填充:黑色→黑色→50%黑色→30%黑色→10%黑色。

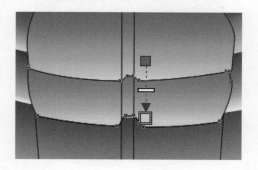

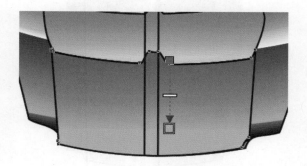

33 选择"M6",进行线性渐变填充:50%黑色→10%黑色。

34 选择"M7",填充:50%黑色→20%黑色。

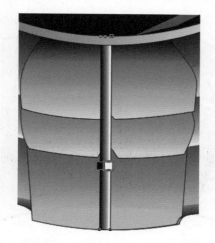

35 选择"M8",按【Shift+Pgup】组合键,进行线性渐变填充:黑色→白色。

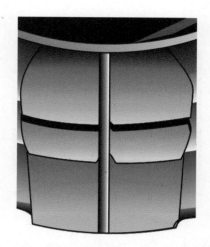

36 选择"M6",复制出两个图形,一个下移1,两者进行修剪,修剪图形命名为"M6-a",填充黑色,线框无色填充。

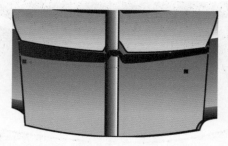

37 选择"M6-a"复制一个并命名为"M6-b",如上图所示修改外形,进行线性渐变填充:黑色→80%黑色。

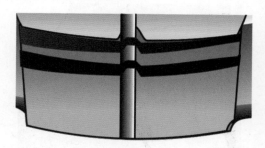

38 选择"M6-a"复制一个并命名为"M6-c",如上图所示修改外形。

39 选择"M6-b"与"M6-c",进行高斯模糊,模糊值设置为3,按键盘【[]键,置入"M7"。

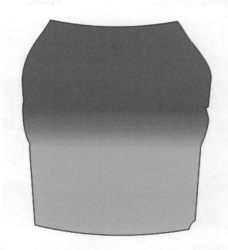

40 选择"M5、M6、M7",复制一组在旁边,进行焊接为"M+"。

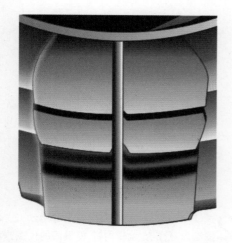
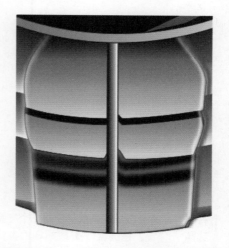

41 选择"M+"，复制一个并右移0.6，两者进行修剪，修剪图形填充白色，线框无色填充；进行高斯模糊，模糊值设置为3，放在如上图所示位置。

42 选择"M+"，复制一个并左移0.6，两者进行修剪，修剪图形填充白色，线框无色填充；复制一个修剪图形填充60%黑色；选择两个修剪图形，转为位图并进行高斯模糊，模糊值为2，放在如上图所示位置。

43 最后将多余线条删掉，整理一下图层的先后顺序，整个手表效果就制作完成了。

🔍 3.3 素色效果制作

- ○ 使用到的技术　渐变填充、复制
- ○ 学习时间　　　30分钟
- ○ 视频地址　　　光盘\第3天\4.swf
- ○ 源文件地址　　光盘\第3天\手表.cdr

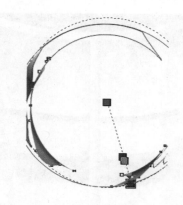

01 将制作好的金色机效果水平复制一个在旁边，选择"Y2"，按键盘【]】键编辑内容，选择上图外形，填充：R74、G74、B74→R145、G145、B145→R71、G71、B71→60%黑色；调整好结束编辑。

02 选择"Y4"，填充：R242、G242、B242；按键盘【]】键编辑内容,将里面的位图饱和度设置为-100。

03 选择"Y5"，填充：R245、G245、B245。

04 选择"Y7"，填充：R237、G237、B237；线框填充10%黑色。

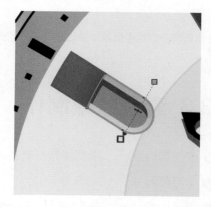

05 选择"A1"，线框填充：R117、G117、B117。

06 选择"A1-2"，渐变填充：R191、G191、B191→R242、G242、B242；线框填充30%黑色。

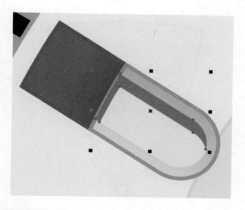

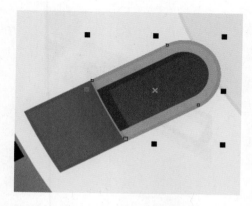

07 选择"B1-c",填充:R240、G240、B240;选择如上图所示外形,填充:R145、G145、B145。

08 选择"A1-4",填充:R191、G191、B191;线框填充30%黑色。

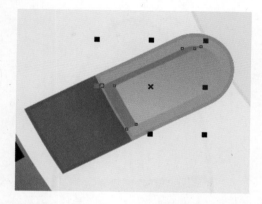

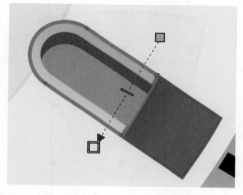

09 选择"B2-c",渐变填充:R209、G209、B209→R176、G176、B176;选择如上图所示外形,填充40%黑色。

10 选择"A1-7",渐变填充:R196、G196、B196→R240、G240、B240;线框填充40%黑色。

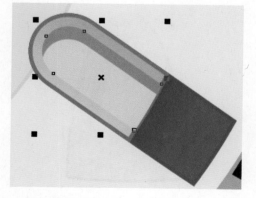

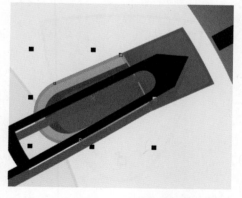

11 选择"B3-c",填充:R230、G230、B230;选择如上图所示外形,填充30%黑色。

12 选择"A1-9",填充:R196、G196、B196;线框填充30%黑色。

13 选择"B4-c",渐变填充:R212、G212、B212→R173、G173、B173;选择如上图所示外形,填充40%黑色。

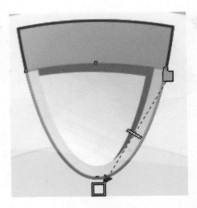

14 选择"C1-b",渐变填充:R196、G196、B196→R245、G245、B245;线框填充40%黑色。

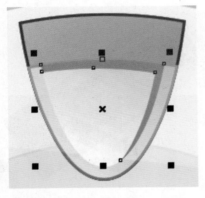

15 选择如上图所示外形,填充:R135、G135、B135。

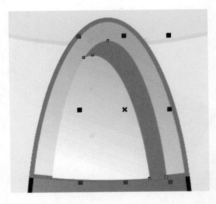

16 选择"C2-b",按【Ctrl+Shift+A】组合键,指向"C1-b",线框填充40%黑色,选择如上图所示外形,填充40%黑色。

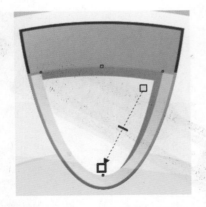

17 选择"C1-c",渐变填充:R232、G232、B232→白色。

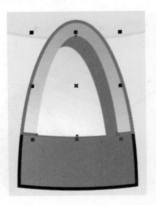

18 选择"C2-c",按【Ctrl+Shift+A】组合键,指向"C1-c"。

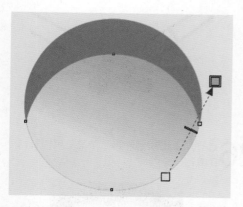

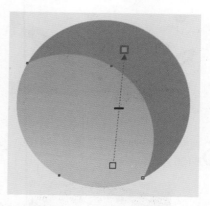

19 选择"ZY-1"，填充：R150、G150、B150；选择"ZY-1b"，渐变填充：R232、G232、B232→R191、G191、B191。

20 选择"ZY-2"，填充：R161、G161、B161；选择"ZY-2b"，渐变填充：R212、G212、B212→R181、G181、B181。

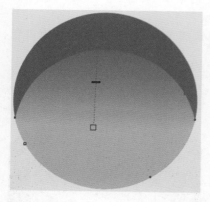

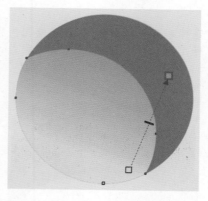

21 选择"ZY-3"，填充：R125、G125、B125；选择"ZY-3b"，渐变填充：20%黑色→R125、G125、B125。

22 选择"ZY-4"，填充40%黑色；选择"ZY-4b"，渐变填充：R232、G232、B232→R184、G184、B184。

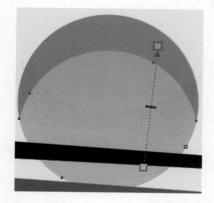

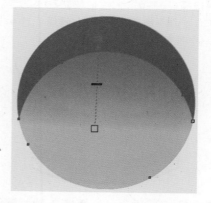

23 选择"ZY-5"，填充：R156、G156、B156；选择"ZY-5b"，渐变填充：20%黑色→R179、G179、B179。

24 选择"ZY-6"，填充：R122、G122、B122；选择"ZY-6b"，渐变填充：R207、G207、B207→R130、G130、B130。

25 选择3个子针的阴影,填充:R166、G166、B166。

26 选择如上图所示外形,填充:R161、G161、B161。

27 选择表带,按键盘【】】键编辑内容,选择"J1-a",线框填充40%黑色;选择"J1-b",线框填充80%黑色;选择"J1-c",线框填充80%黑色。

28 选择"J1-d1",线框填充黑色;选择"J1-d2",线框填充60%黑色。

29 选择中间这组"J1-c",线框填充黑色;选择"J1-d",线框填充70%黑色;选择"J1-d1",线框填充80%黑色;选择"J1-d2",线框填充40%黑色。

30 选择上面这组"J1-c",线框填充黑色;选择"J1-d",线框填充60%黑色。

31 选择"J2-b",线框填充70%黑色;选择"J2-d",线框填充80%黑色;选择"J2-c",线框填充50%黑色。

32 选择"J2-c1",线框填充黑色;选择"J2-c2",线框填充60%黑色。

33 选择"J2-d2",线框填充70%黑色;选择"J2-d1",线框填充50%黑色。

34 选择"J3-1",线框填充黑色;选择"J3-2",线框填充50%黑色,按键盘【j】键结束编辑。

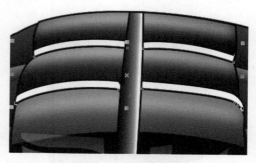

35 选择"M1",渐变填充:90%黑色→50%黑色。

36 选择"M2",按【Ctrl+Shift+A】组合键,指向"M1"。

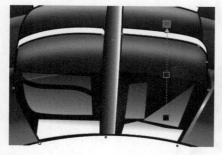

37 选择"M3",渐变填充:黑色→90%黑色→50%黑色。

38 选择"M4",渐变填充:黑色→60%黑色。

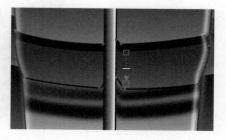

39 选择"M5",渐变填充:黑色→黑色→90%黑色→60%黑色→40%黑色。

40 选择"M6",渐变填充:80%黑色→60%黑色。

41 选择 "M7"，渐变填充：80%黑色→60%黑色。

42 选择 "M8"，渐变填充：黑色→60%黑色。

43 选择左边位图，将亮度设置为-50。

44 选择右边位图，将亮度设置为-50。

45 整个效果制作完成。

☆ 自我评价 ☆

通过上面的学习，我们已经非常熟练地运用"交互式调和"工具来表现不规则外形的图形，还有哪些产品可以运用此工具进行表现呢？

进行效果图绘制的方法很多，但是在进行产品设计时，我们会采用最快捷与自己最熟练的操作方式，比如前面章节提到的位图的合理运用，本章节表带效果的多次复制命名等。在后面章节，我们还会有很多地方有所体现，请大家慢慢体会！

前面几天我们进行了CorelDRAW常用工具的介绍与学习，都是以某个产品的一、两个面作为案例进行表现，那么整个完整产品的绘制过程是什么样的呢？是不是很期待我们明天的课程呢？

🔍 3.4 排版

双击工具栏的"矩形"工具图标，形成了一个页面大小的矩形，对其线框进行无色填充；单击标准栏的"导出"图标，将文件导出为"手表.jpg"图片；在Photoshop中根据个人喜好加上背景。

3.5 小结与课后练习

通过上面的学习，我们已经非常熟练地运用"交互式调和"工具来表现不规则外形的图形，还有哪些产品可以运用此工具进行表现呢？

为了自测一下今天的学习成果，可以在课后将今天绘制的表带换成其他材质！

第 **4** 天　得心应手

　　通过前面几天的学习，我们对CorelDRAW常用工具已经有了足够地了解，并学会了规则与不规则外形图形的处理。

　　让我们综合前面所学知识，进行完整产品绘制吧！

学习目的：完整产品绘制

知 识 点：渐变填充、交互式调和、高斯模糊等

学习时间：一天

完整产品绘制

🔍 4.1 手机设计流程

当大家每一次看到一部新奇而又拥有高性能、鲜亮的外观设计的手机出现时，各位是否有这样的好奇心：这样的手机到底是怎么设计和制造出来的呢？

手机设计的基本步骤为：一、市场调查；二、外形设计（ID）；三、结构设计（MD）；四、模具设计；五、试产；六、量产。

今天我们尝试从技术的客观角度，来简单描述手机外形设计流程。

如何进行"外形设计"

1. 多数情况是由客户根据市场反应提供不同类型（直板、滑盖、翻盖）的手机主板。主板进行全新设计时，不仅耗时耗力，而且有一定的风险，所以不常用。

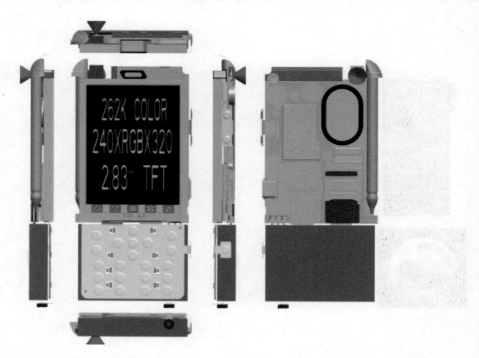

> **提示：** AutoCAD与CorelDRAW两个软件之间单位换算不同，会存在尺寸误差，最合适的方式是在AutoCAD中量出主板的外形尺寸，比如长度为120；回到CorelDRAW软件，如果长度也是120就没有问题，如果不对，可以在属性栏中，将长度值改为120。

2. 拿到主板3D档后，MD会将3D图转成二维四视图，ID在CorelDRAW软件中执行"打开"或"导入"命令时看到主板图后，需要先查看整个主板的外形尺寸，主板尺寸一定要正确，后面的ID全部都以此为依据。

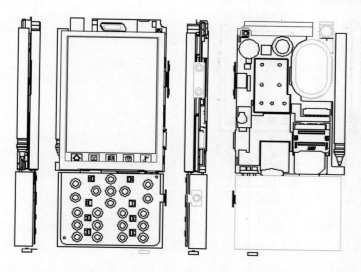

3. 主板尺寸正确后，首先需要对主板有个简单认识，我们就以下图所示的直板机主板为例进行简单分析。

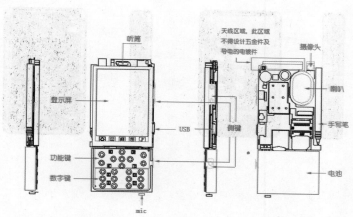

每块主板各不相同，除了手写笔，上述内容基本涵盖，我们知道了主板上对应的每个功能区域，就需要开始进行ID线框设计了。

> **提示：**
>
> 在制作正面外形最小尺寸时，我们可以将主板最小尺寸线框先绘制出来，然后单击工具箱的"轮廓 ▢"工具图标，选择向外扩张1.5 ▢ ▢1 ▢ ▢1.5 mm ▢；侧面线框依此步骤，选择向外扩张1.2，然后将长度尺寸调整为正面的长度尺寸。

4. 首先需要根据主板的外形计算出整机的基本尺寸，长度与宽度尺寸大都是在主板的两端各加上1.5，厚度尺寸是在主板的上下各加上1.2；如下图所示。因为每个机型不同，上述计算方式仅供参考，设计前也可以和结构师进行沟通。

黑色线框是主板图；

蓝色线框是我们制作的主板最小尺寸
参考图；

红色线框是我们计算出来的最小整机
尺寸。

5．计算出整机的最小外形尺寸后，就可以动手进行草图构思了，一般会构思两三款方案，然后上机进行细化，绘制完整的整机效果图。

期间MD要尽可能为ID提供技术上的支持，如工艺上能否实现，结构上可否再做薄一点，ID提供完整的效果图的同时，还需要提供简单的材质说明。

提示：
　　完整的手机从设计到生产，中间涉及到很多环节，我们主要是讲解手机效果图的表现技巧，所以我们仅对外观设计的环节进行了说明。

6．MD开始建立模型前需要ID提供线框作为参考，ID将最终方案备份以后删掉多余效果，保留各个部件的分型线，同时进行无色填充，线框填充黑色后，输出为".dwg"或".dxf"格式文件给MD。

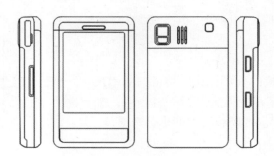

7．MD建立模型完成后,在PROE工程图里制作整机四视图，转成".dxf"线框文件反馈给ID，ID依据MD的线框图制作简单的工艺说明图（色彩计划）,标明各个外观可视部件的材质和表面工艺。

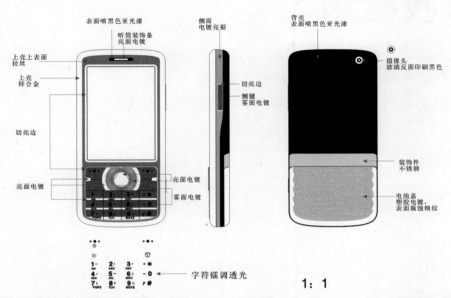

做完这些工作，就可以着手制作外观手板了。手板制成以后，将MD与ID一起进行检查探讨，检查探讨完毕后，结构师开始进行内部结构设计，至此，手机的外形设计告一段落了。

自我检测

　　手机外形设计的流程我们已经有了详细了解，今天的学习重点是如何进行整机的效果图表现，下面就跟随我一起来体验一下吧！

　　现在拿到一个手机设计的订单，是否能独立完成呢？

4.2 折叠手机设计详解

　　手机虽然是一件实用品和消耗品，不过它作为日常生活必不可少的工具，也代表了一个人的品味和经济地位，用户对手机的外观有着比其他电子产品更加苛刻的要求，因此各大手机厂商在手机外观上也是不遗余地求新求炫。

4.2.1 线框绘制

正面线框建立

- ○ 使用到的技术　矩形工具、节点编辑、导入
- ○ 学习时间　　　5分钟
- ○ 视频地址　　　光盘\第4天\1.swf
- ○ 源文件地址　　光盘\第4天\双向翻盖机.cdr
- ○ 素材地址　　　光盘\第4天\双向翻盖机\logo.cdr

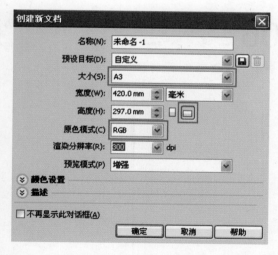

01 运行CorelDRAW程序，新建文件，将文件保存命名为"双向翻盖机"。

02 键立矩形"A1"，值为51*110，倒角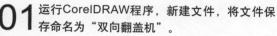，单击鼠标右键，转换为曲线后将上下线段由直线转换为曲线并往外移动0.5。

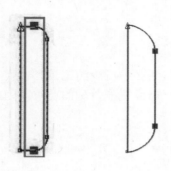

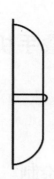

03 建立矩形"A2",值为5*24,倒角为

| .0 mm | ▼▲ | 🔒 | 2.5 mm | ▼▲ |
| .0 mm | ▼▲ | | 2.5 mm | ▼▲ |

;转换为曲线,双击"A2",框选中间两节点删除(如上面(左)图所示)。将右边两节点往内移动2.4;与"A1"进行【R】、【T】对齐后,下移4,右移5。

04 建立矩形"A3",值为5.6*1.2,倒角为

| .0 mm | ▼▲ | 🔒 | .6 mm | ▼▲ |
| .0 mm | ▼▲ | | .6 mm | ▼▲ |

,与"A2"进行【L】、【E】对齐后,下移0.5。

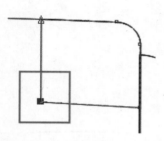

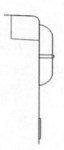

05 建立矩形"A4-a",值为10.8*10.2,与"A1"进行【R】、【T】对齐后,两者进行相交后删掉多余图形,得到相交图形,命名为"A4";双击"A4",选择左下角的节点,上移0.6。

06 建立矩形"A5",值为0.6*8.3,倒角为

| .0 mm | ▼▲ | 🔒 | .3 mm | ▼▲ |
| .0 mm | ▼▲ | | .3 mm | ▼▲ |

【R】、【T】对齐后,下移41.2,右移0.6。

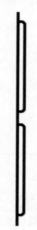

07 按键盘【+】键复制一个图形并命名为矩形"A6",下移9.5。

08 建立矩形"A7",值为0.6*10.5,与"A6"进行【L】、【T】对齐后下移35。

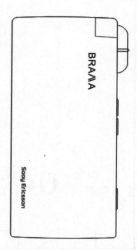

09 从光盘导入"logo.cdr"文件，与"A1"进行【C】、【T】对齐后，左移3，下移1.4，整个A面线框制作完成。

按键面（C面）线框的建立

- ◎ 使用到的技术　矩形工具、直线工具、镜像复制、相交、节点编辑
- ◎ 学习时间　　　12分钟
- ◎ 视频地址　　　光盘\第4天\2.swf
- ◎ 源文件地址　　光盘\第4天\双向翻盖机.cdr

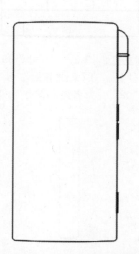

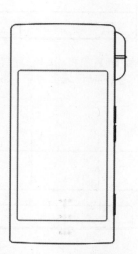

01 将整个A面水平复制一个在旁边，删掉logo与右上转轴。

02 建立矩形"C1-1"，值为44*75.7，倒角1.1，与"A1"进行【C】、【B】对齐后上移11.3。

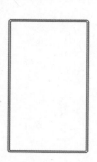

03 建立矩形"C1-2"，值为42.3*74.2，倒角0.6，与"C1-1"进行【C】、【E】对齐后，两者进行组合，组合图形命名为"C1"。

04 建立矩形"C2"，值为36*42.4，倒角1；与"C1"进行【C】、【B】对齐后上移5.5。

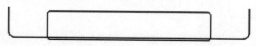
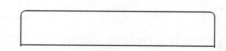

05 建立矩形"C3"，值为24.4*4.4，倒角0.5，与"C2"进行【C】、【B】对齐后下移0.3。

06 水平建立直线"L1"，长度为36，与"C2"进行【C】、【T】对齐后下移6.6。

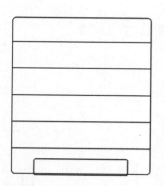
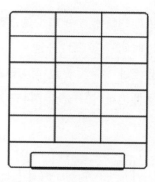

07 按键盘【+】键将"L1"复制出4条水平直线，下移间距为7.2。

08 垂直建立直线"L2"，尺寸为35.5，与"C2"进行【L】、【T】对齐后右移12；将按键盘【+】键复制"L2"，命名为"L2-b"，将其右移12。

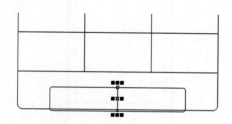

09 垂直建立直线"L3"，尺寸为4.4，与"C3"进行【C】、【E】对齐。

10 建立矩形"C4"，值为2.6*16.6，倒角

| .4 mm | | .0 mm | |
| .4 mm | | .0 mm | |

，与"C1"进行【L】、【T】对齐后下移7.6，右移3.9。

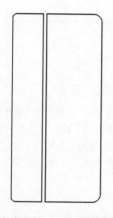

11 建立矩形"C5",值为4.7*16.6,倒角为 ,与"C4"进行【T】、【R】对齐后右移5。

12 建立矩形"C6",值为17.4*17.1,倒角1.6,与"C5"进行【E】对齐,与"C1"进行【C】对齐。

13 建立矩形"C7",值为16*15.7,倒角0.9,与"C6"进行【C】、【E】对齐。

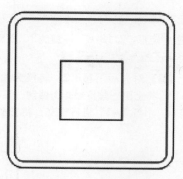

14 建立矩形"C8",值为6.5*6.4,与"C7"进行【C】、【E】对齐。

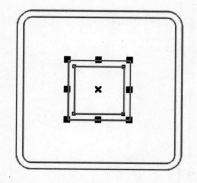

15 建立矩形"C9",值为5.2*5.1,与"C7"进行【C】、【E】对齐。

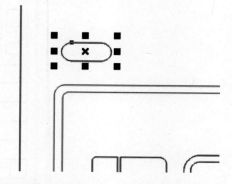

16 建立矩形"C10",值为5.1*1.9,倒角1,与"C1"进行【L】、【T】对齐后右移0.7,上移4.6。

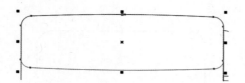

17 建立矩形"C11-a"，值为51*14，倒角为 ，转换为曲线，双击"C11-a"，下线段转换为曲线后下移0.5；与"A1"进行【C】、【T】对齐后，两者进行相交，相交图形命名"C11"。

18 建立矩形"C12-a"，值为10.6*15.4，与"A1"进行【T】、【R】对齐后，两者进行相交，相交图形命名为"C12"；在下面曲线1.3位置增加一个节点；左下第一个节点上移2。

19 建立矩形"C13-a"，值为30.2*6.4，倒角 ，与"A1"进行【C】、【B】对齐后下移3.2；转换为曲线，双击"C13-a"，将上面一段直线转为曲线，下移0.3；选择"C13-a"，与"A1"进行相交，相交图形命名为"C13"。

20 建立矩形"C14"，值为2*1.2，倒角0.6，与"A1"进行【C】、【B】对齐后上移8。

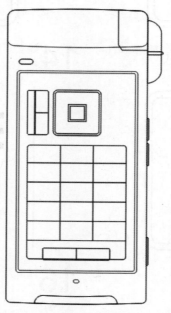

21 整个按键面制作完成。（为节省时间，省去了部分按键线框描绘。）

大屏幕面（B面）线框建立

- 使用到的技术　　矩形工具、节点编辑、相交
- 学习时间　　　　5分钟
- 视频地址　　　　光盘\第4天\3.swf
- 源文件地址　　　光盘\第4天\双向翻盖机.cdr

01 选择按键面的"A1"，按住【Ctrl】键，垂直镜像复制一个到上面，按【Shift+Pgdn】组合键，将其置于最后面，并下移5.8。

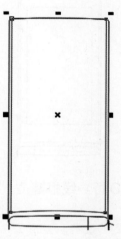

02 建立矩形"B1"，值为48.3*103，转换为曲线；双击"B1"，下面直线转换为曲线后上移1；上面直线转换为曲线后上移0.5；与"A1"进行【C】、【T】对齐。

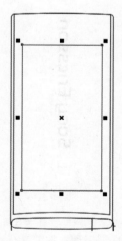

03 建立矩形"B2"，值为40*75；与"B1"进行【C】、【E】对齐后下移2。

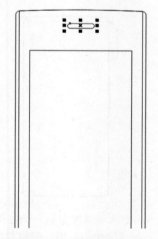

04 建立矩形"B3"，值为10.4*1.9，倒角1，与"B2"进行【C】、【T】对齐后上移8.6。

05 建立矩形"B4"，值为5*0.5，倒角0.3，与"B3"进行【C】、【E】对齐。

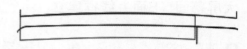

06 建立矩形"B5"，值为39*5.5；与"B1"进行【L】、【B】对齐后下移5.5；转换为曲线；双击"B5"，将上线段转为曲线后上移0.5，下线段转为曲线上移0.5，右边两个节点上移0.5。

07 整个手机B面制作完成。

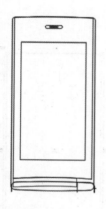

背面（D面）线框建立

◎ 使用到的技术	矩形工具、椭圆工具、修剪、
◎ 学习时间	5分钟
◎ 视频地址	光盘\第4天\4.swf
◎ 源文件地址	光盘\第4天\双向翻盖机.cdr

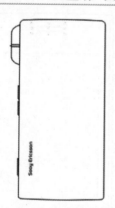

01 将整个A面水平镜像复制一个在旁边；选择文字，按【Ctrl+U】组合键解散群组，删掉"BRAAIA"与右上转轴，选择"Sooy Ericsson"字符，单击属性栏"垂直镜像"图标，按住【Ctrl】键，将其水平移到左边。

02 建立正圆"Y-d1"，值为6*6，放在"Sooy Ericsson"下面；按键盘【+】键复制一个圆，命名为"Y-d2"，尺寸改为5.2*5.2。

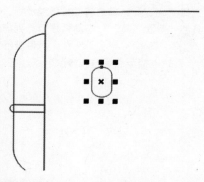

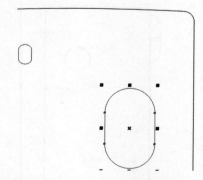

03 建立矩形"D1",值为3.2*5,倒角2,与"A1"进行【L】、【T】对齐后下移9.5,右移7.6。

04 建立矩形"D2",尺寸为12.4*20.4,倒角7.5,与"A1"进行【T】、【R】对齐后,左移9.5,下移20.5。

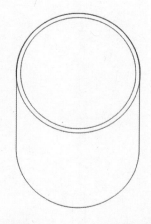

05 建立正圆"D-y1",值为12.5*12.5,与"D2"进行【C】、【T】对齐;复制一个圆命名为"D-y2",改尺寸为11.6*11.6。

06 建立正圆"D-y5",值为1.3*1.3,与"D1"进行【L】、【T】对齐后下移17.7,右移6.1。

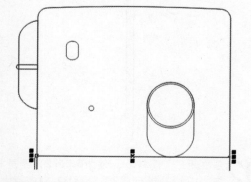

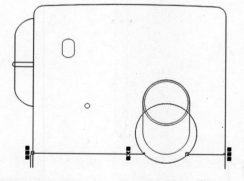

07 水平建立直线"D-l1",值为51*0,与"A1"进行【C】对齐后,再与"D2"进行【B】对齐。

08 建立正圆"D-y7",值为16.3*16.3,与"D2"进行【C】、【B】对齐后下移2.4;选择"D-y7"与"D-l1",用圆修剪直线。

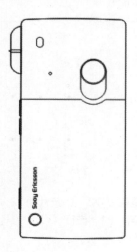

09 选择"D-y7"，单击属性栏弧线图标，单击工具栏"形状工具"，拖动弧线节点到与直线相交位置；选择"D-y7"与"D-l1"，两者进行组合为"L-d1"，通过连接节点等方式修改节点。

侧面线框建立

⭕	使用到的技术	矩形工具、节点编辑、组合
⭕	学习时间	10分钟
⭕	视频地址	光盘\第4天\5.swf
⭕	源文件地址	光盘\第4天\双向翻盖机.cdr

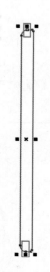

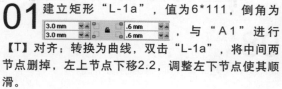

01 建立矩形"L-1a"，值为6*111，倒角为 3.0 mm 3.0 mm .6 mm .6 mm，与"A1"进行【T】对齐；转换为曲线，双击"L-1a"，将中间两节点删掉，左上节点下移2.2，调整左下节点使其顺滑。

02 建立矩形"L-1b"，值为6.6*72，倒角3；与"L-1a"进行【R】、【B】对齐后上移10.5，右移4；转换为曲线后双击"L-1b"，将左边两个节点往内移动0.5，选择"L-1b"与"L-1a"两者进行修剪，修剪图形命名为"L-1"。

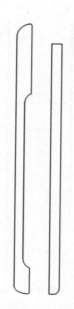 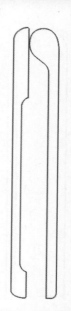

03 建立矩形"L-2a"，值为4*103，倒角

.0 mm			.0 mm	
.0 mm		🔒	2.0 mm	

，与"L-1"进行

【B】、【R】对齐后，右移12。

04 单击工具箱椭圆工具，建立椭圆"L-r1"，值为11.3*12.7，与"L-1"进行【T】、【R】对齐后下移0.3，右移11.6；选择"L-r1"与"L-2a"，两者进行焊接，命名为"L-2"，如上图所示调整节点。

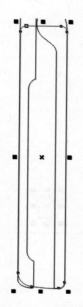 

05 建立矩形"L-3"，值为18*103.5，倒角

2.3 mm			2.3 mm	
5.4 mm		🔒	2.3 mm	

，与"L-2"进行

【R】、【B】对齐，转换为曲线；双击"L-3"，将下面线段转为曲线，左下两个节点上移0.6，并调整节点曲率（如上图所示）。

06 建立矩形"L-4"，值为9*50，倒角0.8，与"L-3"进行【E】、【L】对齐后右移3.4，上移5.8。

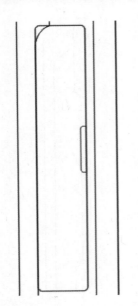

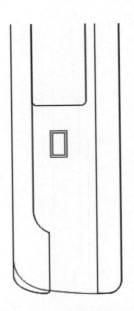

07 建立矩形"L-5"，值为1*8.6，倒角

| .5 mm | ∨ ⌃⌄ | 🔒 | .0 mm | ∨ ⌃⌄ |
| .5 mm | ∨ ⌃⌄ | | .0 mm | ∨ ⌃⌄ |

，与"L-4"进行【E】、【R】对齐。

08 建立矩形"L-6"，值为2.7*4.5，与"L-4"进行【L】、【B】对齐后下移8.7，右移3；将其复制一个并命名为L-6b，值改为2*3.8。

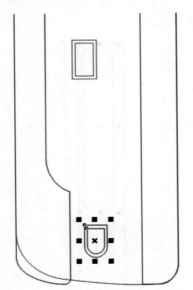

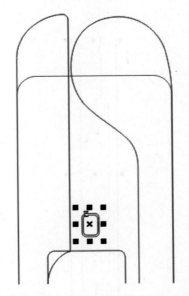

09 建立矩形"L-7"，值为2.5*3.7，倒角为

| .0 mm | ∨ ⌃⌄ | 🔒 | .0 mm | ∨ ⌃⌄ |
| 1.3 mm | ∨ ⌃⌄ | | 1.3 mm | ∨ ⌃⌄ |

，与"L-6"进行【C】、【B】对齐后下移20.5，右移1，将其复制一个并命名为"L-7b"，值改为1.9*2.9

10 建立矩形"L-8a"，值为2*2.8，倒角0.5，与"L-4"进行【L】、【T】对齐后上移4.5，右移4；将其复制一个并命名为"L-8b"，值改为1.7*2.4，两者进行组合后将组合图形命名为"L-8"。

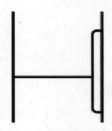

11 建立直线"L1"，值为3.5*0，与背部直线"L-d1"进行【T】对齐，与"L-1"进行【L】对齐。

12 选择"L1"，按键盘【+】键将其复制一个并命名为"L2"，值改为8.1*0，与"L-4"进行【E】、【L】对齐后下移0.6。

13 左侧面线框制作完成。

温 ♥ 小提示

我们先将左侧面线框制作完成，等制作完成左侧面效果以后复制一个放在右侧，对其进行适当修改，就可以制作成右侧面，这样可以节省大量时间。

4.2.2 质感体现

不同手机的质感给使用者带来不同的感觉，同时也体现着一个人对于生活不同的品味和经济地位，对于日趋尖端的电子产品，消费者的要求也随之苛刻，因此各大手机厂商开始在手机质感上面下足了功夫。下面我们介绍几种不同材质及工艺。

塑胶喷漆

塑胶喷漆工艺是在塑胶外壳表面喷涂一层特殊油漆，待干后，便可达到耐脏、防指纹的功能。不过其附着能力会随着时间的推移而衰减。

塑胶喷涂工艺带来优秀质感的同时，也让手机档次得以提升。不过使用了一段时间以后，喷漆会脱落，严重影响了手机的外观。

皮革材质

皮革材质一般在手机局部使用，丰富的皮纹与灵动的色泽，会给手机增加不少个性，既亲和又随性，美中不足是耐磨性较差。

磨砂材质

手机上喷涂上耐磨防滑的磨砂漆，不仅让手机更具质感，也不会出现磨损严重的现象。当然，即使出现了磨损，大部分手机的底色与漆的颜色一样，所以不会那么明显。不过磨砂喷涂工艺唯一不足地方就是看起来并不那么上档次。

硅胶材质

除了会在按键上采用硅胶材质外，局部采用硅胶胶塞堵住螺丝孔。硅胶材料无毒、无味、绿色环保、重量轻、体积小，有着良好的回弹性，敲击无声，触感柔软舒适，手感亲切。

今天说了这么多，还是赶紧行动吧！

A面效果制作

○ 使用到的技术	渐变填充、透明渐变、高斯模糊	
○ 学习时间	15分钟	
○ 视频地址	光盘\第4天\6.swf	
○ 源文件地址	光盘\第4天\双向翻盖机.cdr	

01 选择矩形"A1"，进行线性渐变填充：R90、G14、B26→R149、G31、B51→R218、G63、B102→R237、G120、B159。

02 按键盘【+】键复制一个并命名为"A1+1"，在属性栏将其值改为49*110，线框无色填充；进行线性渐变填充：R41、G3、B9→R59、G5、B14→R149、G31、B51→R218、G63、B102→R237、G120、B159。

03 选择"A1+1",按键盘【+】键两次,复制两个图形,分别命名为"A1-a"与"A1-b",将"A1-b"下移0.8后,两者进行修剪,得到的修剪图形命名为"A1+2",填充白色。

04 单击菜单栏"位图→转换为位图"命令,并单击菜单栏"位图→模糊→高斯模糊"命令,将模糊值设置为3,单击工具栏透明度工具,进行线性透明渐变填充:20%黑色→白色→50%黑色。

05 建立矩形(51*8.5),与矩形"A1"进行【C】、【T】对齐后,两者进行相交,相交图形命名为"A1+3";进行线性渐变填充:R193、G68、B99→R193、G68、B99→R74、G10、B17→R79、G12、B20→R172、G55、B81→R221、G73、B112;线框无色填充。

06 选择"A1+3",单击菜单栏"位图→转换为位图"命令,并单击菜单栏"位图→模糊→高斯模糊"命令,将模糊值设置为3,单击工具栏的透明度工具,进行线性透明渐变填充:白色→黑色。

07 建立椭圆"Y-1",值为50*2.5,与矩形"A1"进行【C】、【T】对齐后,下移5;单击鼠标右键,从弹出的快捷菜单中选择"转为曲线"命令;双击"Y-1",框选中间两节点,右移12;将"Y-1"填充白色,线框无色填充。

08 选择"Y-1",单击菜单栏"位图→转换为位图"命令,并单击菜单栏"位图→模糊→高斯模糊"命令,将模糊值设置为4,单击工具栏的透明度工具,进行线性透明渐变填充:白色→黑色。

09 选择"A1+2"、"A1+3"、"Y-1",按【Ctrl+G】组合键将其群组为"G1",选择"G1",按键盘【Ctrl+C】组合键后按键盘【[】键置入到"A1+1"中。

10 选择矩形"A4",进行线性渐变填充:R90、G14、B26→黑色→R149、G31、B51→R218、G63、B102→R237、G120、B159;建立矩形"a1",按键盘【[】键,将"a1"置入"A4"内,按键盘【]】键编辑内容,选择里面的内容删掉后,按【Ctrl+V】键,上步复制的"G1"也置入到了"A4"中,按键盘【J】键结束编辑。

11 单击工具箱中的"贝塞尔"工具,沿着矩形A4的边,建立一条线"L-a"(为方便读者观看,填充了白色)。

12 按【Ctrl+Shift+Q】组合键,将轮廓转换为物体对象;进行线性渐变填充:R90、G14、B26→R149、G31、B51→R218、G63、B102→白色。

13 建立矩形"A1-c",值为50*3,与"A1+"进行【C】、【B】对齐后,两者进行相交,相交图形命名为"A1+b",单击鼠标右键,从弹出的快捷菜单中选择"提取内容"命令,按【Delete】键将其删掉;按键盘【+】键,将"A1+b"复制一个并命名为"A1+b2",将"A1+b2"上移5;选择"A1+b",填充:R224、G22、B59。

14 单击工具箱的交互式调和工具,对两者进行调和。

15 建立矩形 "A1-d"，值为50*1.5，与 "A1+" 进行【C】、【B】对齐后，两者进行相交，相交图形命名为 "A1+c"，单击鼠标右键，从弹出的快捷菜单中选择 "提取内容" 命令，按【Delete】键将其删掉；按【Shift+PgUp】组合键，置于最前面；选择 "A1+c"，填充白色，单击工具栏透明度工具，进行线性透明渐变填充：黑色→30%黑色→黑色。

16 选择矩形 "A2"，进行线性渐变填充：R150、G27、B46→R150、G15、B37→R59、G5、B14→R149、G31、B51→R218、G63、B102→R237、G120、B159。

17 选择 "A2"，按键盘【+】键，将其复制一个并命名为 "A2-a"，按键盘【G】键，进行线性渐变填充：R59、G7、B13→R255、G222、B222；线框无色填充。

18 单击工具箱的透明度工具，进行线性透明渐变填充：白色→黑色→黑色→白色；按键盘【[】键将其置入A2中。

19 选择 "A2"，按键盘【+】键，复制一个并命名为 "A2-1a"，在属性栏将尺寸改为4.3*23.5，按键盘【J】键提取内容并删掉；将 "A2-1a" 复制一个并命名为 "A2-1b"，尺寸改为2.4*21，两者组合为 "A2-1"。

20 建立矩形 "A-a"，值为1.5*26，与 "A2-1" 进行【C】、【L】对齐后，进行修剪，修剪图形命名为 "A2-c"，填充：R252、G171、B171；线框无色填充。

21 单击工具箱的透明度工具，进行线性透明渐变填充：黑色→白色→黑色。

22 与"C2"进行【C】、【R】对齐后，左移0.6。

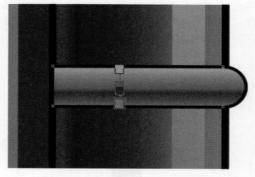

23 建立椭圆"A-y"，值为3*5，单击鼠标右键，从弹出的快捷菜单中选择"转换为曲线"命令，双击"A-y"，如上图所示调节节点，填充白色，线框无色填充，放在A2右上角。

24 选择矩形"A3"，进行线性渐变填充：R247、G185、B194→R218、G63、B102→R140、G10、B45→R237、G120、B159；线框粗细改为细线。

25 按键盘【+】键复制一个并命名为"A3-a"，尺寸改为5*0.55，线性渐变填充：R247、G185、B194→R218、G63、B102→R237、G120、B159；线框无色填充。

26 建立矩形"A3-c"，值为5*1.6，与"A3"进行【C】、【L】对齐，单击鼠标右键，从弹出的快捷菜单中选择"置于此对象后"命令，指向"A3"，按键盘【G】键，进行线性渐变填充：R136、G18、B34→R235、G150、B150，线框无色填充；框选三个矩形，按【Shift+PgUp】组合键，将其置于最上面。

27 建立椭圆"A-y2"，值为1*0.3，填充白色，线框无色填充，放在"A3"上面。

28 选择矩形"A5"，进行线性渐变填充：R90、G14、B26→R149、G31、B51→R218、G63、B102→R237、G120、B159；选择"A6"与"A7"，按【Ctrl+Shift+A】组合键，指向"A5"，填充和"A5"一样的渐变色。

29 选择"logo"填充白色，整个A面制作完成。

C面效果制作

- 使用到的技术　渐变填充、透明渐变、高斯模糊
- 学习时间　15分钟
- 视频地址　光盘\第4天\7.swf
- 源文件地址　光盘\第4天\双向翻盖机.cdr
- 素材地址　光盘\第4天\双向翻盖机\字符.cdr

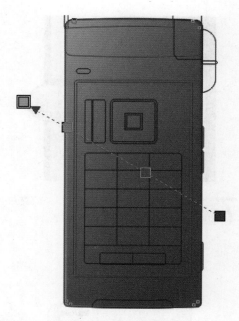

01 选择C面的"A1"，按【Ctrl+Shift+A】组合键，指向A面的"A1"。

02 按【+】键复制一个图形命名为"A1+1"，在属性栏将值改为49*110，线框无色填充；进行线性渐变填充：R90、G14、B26→R149、G31、B51→R218、G63、B102→R237、G120、B159。

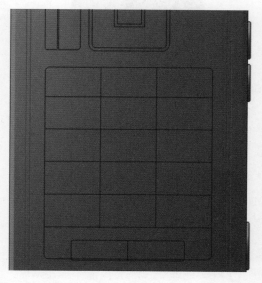

03 选择正面的转轴进行群组后复制一组，替换掉手机C面的转轴，按【Shift+PgDn】组合键将其置于最后面。

04 选择手机C面三个侧按键，按【Ctrl+Shift+A】组合键，指向正面按键。

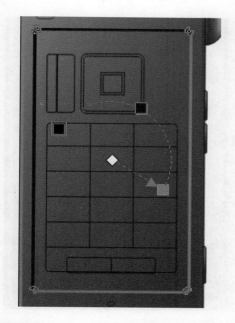

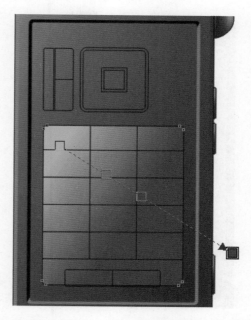

05 选择"C1",进行锥性渐变填充：黑色→R20、G21、B22→R214、G91、B105→R222、G95、B113。

06 选择"C2",进行线性渐变填充：R252、G194、B202→R218、G63、B102→R149、G31、B51→R145、G14、B58。

07 选择"C2",按键盘【+】键复制一个并命名为"C2-a",将值改为36.7*43,单击鼠标右键,选择【置于此对象前】,指向"A2",按键盘【G】键,进行线性渐变填充：R252、G194、B202→R149、G31、B51→R218、G63、B102→R205、G46、B94→R99、G10、B39,线框无色填充。

08 选择"C2",按键盘【+】键复制一个并命名为"C2-b",将值改为35*41,按键盘【G】键,进行线性渐变填充：R90、G14、B26→R149、G31、B51→R218、G63、B102→R237、G120、B159,线框无色填充。

09 建立矩形"C-b",值为36*0.5,填充白色,线框无色填充,与直线"L1"进行【C】、【B】对齐。

10 将矩形"C-b"复制5个,下移间距为7.2。

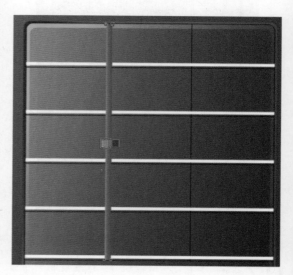

11 将上面5个白色矩形置入"C2-b"中,按键盘【[】键编辑内容,全选5个白色矩形,上移7,按键盘【J】键结束编辑。

12 建立矩形"C15",值为0.87*35.2,与直线"L2"进行【C】、【E】对齐;按键盘【G】键,按住【Ctrl】键,进行线性渐变填充:R140、G24、B41→R218、G63、B102→R237、G120、B159。

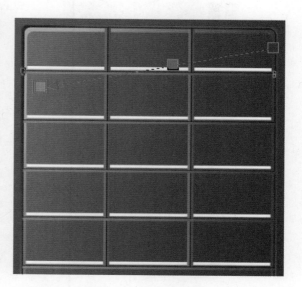

13 按键盘【+】键复制一个并命名为"C15-b",右移12,选择"C15"与"C15-b",单击鼠标右键,从弹出的快捷菜单中选择"置于此对象前"命令,指向"C2-b"。

14 建立矩形"C15-c",值为36*0.4,与"L1"进行【C】、【T】对齐,按键盘【G】键,进行线性渐变填充:R140、G24、B41→R218、G63、B102→R237、G120、B159,线框无色填充;将其复制4个,下移间距为7.2。

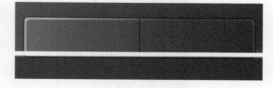

15 选择"C3",按【Ctrl+Shift+A】组合键,指向"C2"

16 按键盘【+】键复制一个并命名为"C3-b",属性栏将值改为23.8*3.8,按【Ctrl+Shift+A】组合键,指向"C2-b",线框无色填充。

17 按键盘【+】键复制一个并命名为"C3-a",属性栏将值改为25*4.9,单击鼠标右键,选择【置于此对象前】,指向"C2-b",按【Ctrl+Shift+A】键,指向"C2-a",线框无色填充。

18 按键盘【[】键,将白色矩形置于"C3-b"中,并调整到"C3-b"的底部;将矩形"C15"复制一个并命名为"C16",值改为0.9*4.4,与"L3"进行【C】、【E】对齐;单击鼠标右键,选择【置于此对象前】,指向"C3-b"。

19 选择"C4",按键盘【G】键,进行线性渐变填充:R252、G194、B202→R218、G63、B102→R149、G31、B51→R196、G35、B89。

20 按键盘【+】键复制一个并命名为"C4-b",值改为2*16,按键盘【G】键,进行线性渐变填充:R130、G14、B32→R171、G32、B74。

21 选择"C4",按键盘【+】键复制一个并命名为"C4-a",值改为3.2*17,单击鼠标右键,从弹出的快捷菜单中选择"置于此对象前"命令,指向"A2",按键盘【G】键,进行线性渐变填充:R252、G194、B202→R149、G31、B51→R218、G63、B102→R205、G46、B94→R99、G10、B39,线框无色填充。

22 选择"C5",按【Ctrl+Shift+A】组合键,指向"C4";按键盘【+】键复制一个并命名为"C5-b",值改为4*16,复制"C4-b"的填充属性;按键盘【+】键复制一个并命名为"C5-a",值改为5*17,复制"C4-a"填充属性。

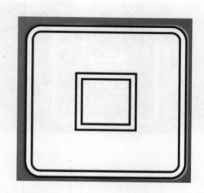

23 选择"C16"与"L3",将其复制一组分别命名为"C16-b"与"L3-b",旋转90°,与"C4-b"进行【C】、【E】对齐。

24 选择矩形"C6",填充白色,将"C6"复制一个并命名为"C6-a",值改为17.9*17.6,单击鼠标右键,从弹出的快捷菜单中选择"置于此对象前"命令,指向"A2",复制"C4-a"的填充属性。

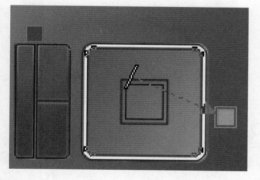

25 选择矩形"C7",按键盘【G】键,进行线性渐变填充:R151、G31、B48→R242、G138、B138,线框无色填充。

26 复制一个命名"C7"为"C7-a",值改为15*14.7,按键盘【G】键,进行线性渐变填充:R112、G20、B34→R145、G9、B9。

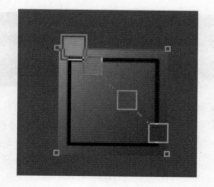

27 选择"C8",按键盘【G】键,进行线性渐变填充:R90、G14、B26→R149、G31、B51→R218、G63、B102→R237、G120、B159,线框无色填充。

28 选择"C9",按键盘【G】键,进行线性渐变填充:30%黑色→50%黑色→R139、G139、B139→R211、G211、B211→白色。

29 将左边"C4"与"C5"按键群组,按住【Ctrl】键,水平镜像复制一个到右边,与"C2-a"进行【R】对齐。

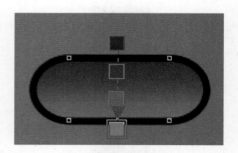

30 选择"C10",按键盘【G】键,按住【Ctrl】键,进行线性渐变填充:R90、G14、B26→R149、G31、B51→R218、G63、B102→R237、G120、B159。

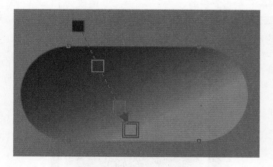

31 复制一个并命名为"C10-a",值改为5.8*2.5,调整渐变填充位置如上图所示,线框无色填充,并置于"A2"前面。

32 建立矩形6*1,与"C10"进行【C】、【T】对齐,两者相交,相交图形填充白色,线框无色填充,值改为4.6*0.7,转为位图并进行高斯模糊,将模糊值设置为1,单击工具箱的透明度工具,进行线性透明渐变填充:黑色→20%黑色→20%黑色→黑色。

33 选择"C11",按键盘【G】键,按住【Ctrl】键,进行线性渐变填充:R94、G15、B15→R71、G8、B19→R172、G41、B68→R54、G4、B4→R102、G8、B33;线框填充:R255、G171、B171。

34 将"C11"复制一个并命名为"C11-a",修改尺寸为49.7*14;按键盘【F11】键,修改线性渐变填充:R94、G15、B15→黑色→R71、G8、B19→R149、G31、B51→R218、G63、B102→R231、G102、B141→R172、G41、B68→黑色→黑色→R174、G42、B69→R196、G56、B92→R241、G102、B141→R226、G75、B114→R54、G4、B4→R102、G8、B33,线框无色填充。

35 选择"C12",按键盘【G】键,按住【Ctrl】键,进行线性渐变填充:R212、G76、B76→R61、G5、B5→R89、G10、B10→R71、G8、B19→R149、G31、B51→R218、G63、B102→R231、G102、B141→R172、G41、B68→R54、G4、B4→R102、G8、B33。

36 将"C12"复制一个并命名为"C12-a",属性栏将值改为9.2*15,与"C12"进行【T】对齐,按【Ctrl+Shift+A】组合键,指向"C11-a",线框无色填充;双击状态栏的渐变颜色色块,在渐变色色带10%位置增加一个颜色:R84、G14、B14,单击【确定】按钮;调整渐变位置,使将渐变色位置保持与左边一致。

37 建立椭圆49*1,单击鼠标右键,从弹出的快捷菜单中选择"转换为曲线"命令,双击"Z-y",框选中间两个节点,左移10;填充白色,线框无色填充;转为位图进行高斯模糊,将模糊值设置为1;进行透明渐变填充:白色→黑色。

38 将其复制一个,尺寸改为49.9*2.5,放在如上图所示位置。

39 选择"C13",按键盘【G】键,按住【Ctrl】键,进行线性渐变填充:R252、G194、B202→R218、G63、B102→R149、G31、B51→R145、G14、B58。

40 选择"C13",按键盘【+】键,复制一个并命名为"C13-a",尺寸改为29*2,按键盘【F11】键,修改线性渐变填充:R90、G14、B26→R149、G31、B51→R218、G63、B102→R237、G120、B159,线框无色填充。

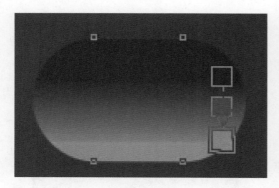

41 选择"C14",按键盘【G】键,进行线性渐变填充:R79、G12、B22→R173、G21、B39→R242、G138、B138,线框无色填充。

42 将其复制一个并命名为"C14-a",尺寸改为1.6*0.7,填充黑色。

43 建立2个小的椭圆,调整节点后放在"C1"的下面两角上;从光盘导入"字符.cdr"文件,如上图所示位置放好,整个手机C面效果制作完成。

B面效果制作

⭕ 使用到的技术	渐变填充、透明渐变、高斯模糊
⭕ 学习时间	5分钟
⭕ 视频地址	光盘\第4天\8.swf
⭕ 源文件地址	光盘\第4天\双向翻盖机.cdr
⭕ 素材地址	光盘\第4天\双向翻盖机\界面.jpg
	光盘\第4天\双向翻盖机\镜片字符.cdr

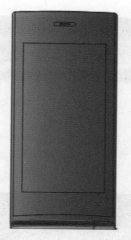

01 选择B面的"A1",按【Ctrl+Shift+A】组合键,指向A面的"A1"。

02 将C面的"A1+1"垂直镜像复制一个在上面,与手机B面的"A1"进行【C】、【E】对齐,并置于"A1"前面。

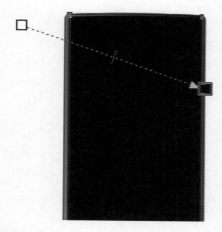

03 选择"B1",填充黑色,线框无色填充;将其复制两个分别命名为"B1-a"与"B1-b"在旁边,将"B1-b"下移0.5,右移0.2;选择"B1-a"与"B1-b",两者进行修剪,修剪图形命名为"B1-c",填充白色,单击工具箱的透明度工具,进行线性透明渐变填充:白色→黑色。

04 从光盘导入"界面.jpg"文件,按键盘【[】键置入"B2"。

05 选择"B3",按键盘【G】键,进行线性渐变填充:90%黑色→白色,线框无色填充。

06 选择"B4",填充黑色,线框无色填充。

07 选择"B5",进行线性渐变填充：R185、G45、B55→R109、G19、B33→R56、G6、B11→R63、G7、B14→R100、G16、B30→R209、G58、B83→R97、G15、B29。

08 选择"B5",按键盘【+】键复制两个,分别命名为"B5-1"与"B5-2","B5-2"下移0.5后,两者进行修剪,修剪图形命名为"B5-a",将其填充白色,单击工具箱的透明度工具,进行线性透明渐变填充：黑色→20%黑色→黑色。

09 将"B5-a"复制一个到下方为"B5-b",单击工具箱的透明度工具,调整透明渐变为白色→80%黑色→黑色。

10 从光盘导入"镜片字符.cdr"文件,放到镜片上方。

11 整个手机B面制作完成。

D面效果制作

⦿ 使用到的技术	渐变填充、透明渐变、高斯模糊	
⦿ 学习时间	5分钟	
⦿ 视频地址	光盘\第4天\9.swf	
⦿ 源文件地址	光盘\第4天\双向翻盖机.cdr	
⦿ 素材地址	光盘\第4天\双向翻盖机\摄像头.jpg	
	光盘\第4天\双向翻盖机\图标.jpg	

01 将整个A面水平镜像复制一个在旁边，删掉左上角的转轴效果与字符，替换掉手机D面相应线框。

02 选择"D1"，进行线性渐变填充：R184、G17、B42→R218、G63、B102→R234、G112、B151→R252、G202、B218，线框无色填充。

03 选择"D1"，按键盘【+】键复制一个并命名为"D1-b"，尺寸改为2*4.2，填充：R228、G94、B133。

04 选择"D1"与"D1-b"，按【Ctrl+G】组合键群组为"G1"，选择"G1"，按键盘【+】键复制一个并命名为"G2"，右移32.6。

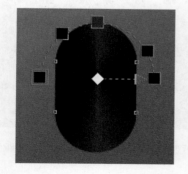

05 选择"D2"，进行锥形渐变填充：黑色→黑色→70％黑色→黑色→黑色，线框无色填充。

06 选择"D-y1"，进行锥形渐变填充：黑色→白色→白色→黑色→白色→黑色→白色→白色→黑色。

07 选择"D-y2",进行锥形渐变填充：60% 黑色→白色→白色→黑色→40%黑色→40%黑色→白色→白色→黑色,线框无色填充。

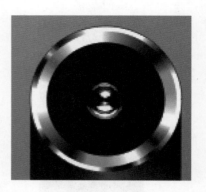

08 选择"D-y2",按键盘【+】键复制一个并命名为"D-y3",改尺寸为9.7*9.7,填充黑色；选择"D-y3",按键盘【+】键复制一个并命名为"D-y4",改尺寸为3.5*3.5,从光盘导入"摄像头.jpg"文件,按键盘【]】键将摄像头置入"D-y4"。

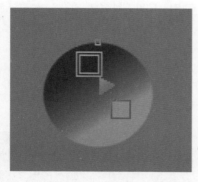

09 选择"D-y5"后进行线性渐变填充：R247、G123、B140→R71、G6、B28,线框无色填充。

10 选择"D-y5",按键盘【+】键复制一个并命名为"D-y6",尺寸改为1*1,填充黑色。

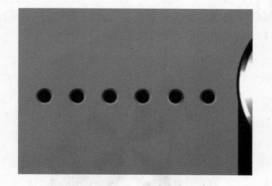

11 选择"D-y5"与"D-y6",按【Ctrl+G】组合键群组为"G3"；选择"G3",按键盘【+】键复制5组,向左移动间距为2.5。

12 框选上排6组圆,向下复制4组,间距为2.3。

13 选择"L-d1",按键盘【+】键复制一个并命名为"L-d2",下移0.2,线框填充:R255、G194、B194。

14 选择字符"Sooy Erisson"填充白色;选择"Y-d1",进行渐变填充:R232、G69、B91→R71、G6、B28,线框无色填充。

15 从光盘导入"图标.jpg"文件,按键盘【[】键置入"Y-d2",整个D面制作完成。

侧面效果制作

◎ 使用到的技术	渐变填充、透明渐变、高斯模糊	
◎ 学习时间	10分钟	
◎ 视频地址	光盘\第4天\10.swf	
◎ 源文件地址	光盘\第4天\双向翻盖机.cdr	

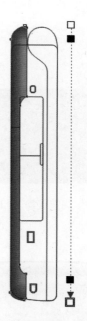

01 择"L-1",进行线性渐变填充:R90、G14、B26→R149、G31、B51→R218、G63、B102→R237、G120、B159。

02 将其复制一个并命名为"L-1c",填充R119、G24、B42,线框无色填充,单击工具箱的透明度工具,进行线性透明渐变填充:白色→黑色→黑色→白色。

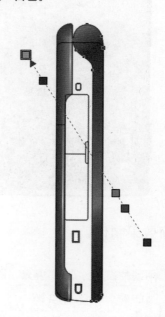

03 选择"L-1c",按键盘【+】键复制两个,一个左移0.5后,两者进行修剪,修剪图形命名为"L-1f",填充白色,进行线性透明渐变填充:黑色→白色→黑色→40%黑色→白色→黑色→白色→黑色

04 选择"L-2",按键盘【G】键,进行线性渐变填充:R90、G14、B26→R149、G31、B51→R218、G63、B102→R93、G14、B27→R237、G120、B159。

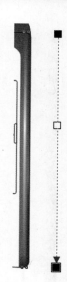

05 选择"L-2"向内偏移0.5；单击鼠标右键，从弹出的快捷菜单中选择"打散轮廓图群组"命令，将上面的图形命名为"L-2b"，将其与"L-2"进行【L】、【B】对齐，线性渐变填充：R90、G14、B26→R149、G31、B51→R218、G63、B102→R199、G92、B124→R188、G49、B80→R93、G14、B27→R237、G120、B159

06 建立矩形1.2*103，填充白色，线框无色填充，转为位图进行高斯模糊，模糊值为1.2；单击工具箱的透明度工具，进行线性透明渐变填充：黑色→白色→黑色，将其放置如上图所示位置。

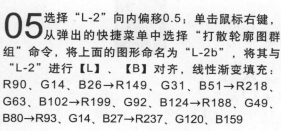

07 选择"L-3"，按键盘【G】键，进行线性渐变填充：R90、G14、B26→R149、G31、B51→R218、G63、B102→R188、G49、B80→R93、G14、B27→R237、G120、B159。

08 建立矩形"L-3a"，值为7.8*109，填充R122、G25、B43，单击工具箱的透明度工具，进行线性透明渐变填充：白色→黑色。

09 选择"L-3a",按住【Ctrl】键,水平镜像复制一个到右边,命名为"L-3b",尺寸改为2.4*109。

10 选择"L-3a"与"L-3b",按键盘【[】键置入"L-3"内,调整好位置;选择"L-3",按【Shift+PgDn】组合键,置于最后面。

11 选择"L-4",单击鼠标右键,从弹出的快捷菜单中选择"置于此对象前"命令,指向"L-3"。

12 选择"L-5",进行线性渐变填充:R250、G158、B170→R87、G4、B15,线框无色填充。

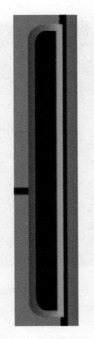

13 将其复制一个，命名为"L-5b"，尺寸改为 0.6*8.2，并填充黑色。

14 分别选择"L-6"、"L-7"与"L-8"，按 【Ctrl+Shift+A】组合键，指向"L-5"，并线框无色填充。

15 选择"L-6b"与"L-7b"填充黑色，线框无色填充。

16 框选"L-6"与"L-6b"，复制一个并后下移8。

17 选择直线"L1"与"L2"，按键盘【+】键复制出两条并下移0.2，线框填充：R255、G194、B194。

18 将制作完成的左侧面水平镜像复制一个到右边，删掉中间的矩形"L-4"至"L-8"及线。

19 建立矩形"R-1"，值为10*24，倒角5，与A面转抽进行【E】对齐，与"L-1"进行【R】对齐后左移1.7。

20 按【Ctrl+Shift+A】组合键，指向A面右侧转轴。

21 选择"R-1"，按键盘【+】键复制一个并命名为"R-1b"，尺寸改为9.5*22.7；进行线性渐变填充：R59、G7、B13→R255、G222、B222，线框无色填充。

22 单击工具箱的透明度工具，按住【Ctrl】键，进行线性透明渐变填充：白色→黑色→黑色→白色。

23 选择"R-1b",按键盘【[】键置入到"R-1"中,将A面转轴上的高光及反光复制到"R-1"上。

24 将高光(白点)尺寸改为3.3*4,反光尺寸改为5*23。

25 建立矩形"R-2",值为10.4*1.6,倒角0.8,与"R-1"进行【C】对齐,与"A3-c"进行【E】对齐,按【Ctrl+Shift+A】组合键,指向"A3-c",线框无色填充。

26 选择"R-2",按键盘【+】键复制一个并命名为"R-2b",尺寸改为10*1.1,按【Ctrl+Shift+A】组合键,指向"A3",线框填充黑色。

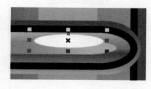

27 选择"R-2b",按键盘【+】键复制一个并命名为"R-2c",尺寸改为9*0.4,按【Ctrl+Shift+A】组合键,指向"A3-a",线框无色填充。

28 将A面转轴上的高光复制到这里,尺寸改为2*0.4。

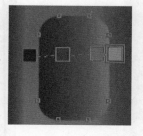

29 建立矩形"R-3",尺寸为5.8*8.8,倒角1.7,与A面最上面按键进行【E】对齐,然后按住【Ctrl】键,水平移至"L-3"中间。

30 按键盘【G】键,按住【Ctrl】键,进行线性渐变填充:R90、G14、B26→R149、G31、B51→R218、G63、B102→R237、G120、B159,线框无色填充。

31 选择 "R-3"，按键盘【+】键复制一个并命名为 "R-3b"，尺寸改为5.3*8.3，线框填充黑色；选择 "R-3b"，按键盘【+】键复制一个并命名为 "R-3c"，尺寸改为3.8*6.4，单击属性栏 "水平镜像" 图标。

32 框选三矩形，按【Ctrl+G】组合键群组为 "R-g"，选择 "R-g"，按键盘【+】键复制一组为 "R-g2"，与A面第二个按键进行【E】对齐。

33 单击工具箱的多边形工具建多个三角形，填充白色，放在按键上。

34 选择 "R-g2"，按【+】键复制一组为 "R-g3"，与A面第三个按键进行【E】对齐；选择 "R-g3"，按【Ctrl+U】组合键解散群组，在属性栏将三个矩形的尺寸分别改为5.8*11、5.3*10.5、3.8*8.4。

35 整个侧面效果制作完成。

4.3 蓝色机材质体现

制作蓝色机效果依然和前面所学的方法一样，将右边红色调色条拖动到蓝色色调。

● 使用到的技术	渐变填充、色度调整、复制
● 学习时间	20分钟
● 视频地址	光盘\第4天\11.swf
● 源文件地址	光盘\第4天\双向翻盖机.cdr

01 单击导航器的新增页面，新增页面2后回到页面1，框选四个物体，按键盘【Ctrl+C】键进行复制，进入页面2，按键盘【Ctrl+V】键进行粘帖，选择"A1"，渐变填充：R14、G23、B90→R32、G51、B149→R43、G79、B218→R125、G121、B237。

02 选择"A1+1"，渐变填充：R4、G3、B41→R5、G16、B59→R32、G65、B149→R63、G107、B218→R122、G145、B237。

03 选择"A1+1"，按键盘【]】键编辑内容，选择位图，解散群组，选择中间位图，单击菜单栏"效果→调整→色度/饱和度→亮度"命令，将色度调整为-133，结束编辑。

04 选择"A4"，渐变填充：R14、G33、B90→黑色→R32、G55、B149→R63、G102、B218→R121、G140、B237，按键盘【]】键编辑内容，依照上步操作，将中间位图色度调整为-133，结束编辑。

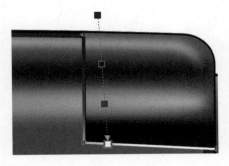

05 选择"L-a"，渐变填充：R14、G32、B90→R32、G51、B149→R63、G107、B218→白色。

06 选择"A1+b2"，渐变填充：R3、G18、B41→R5、G26、B59→R32、G71、B149→R63、G107、B218→R131、G121、B237。选择"A1+b"，填充R23、G33、B224。

07 选择"A2"，渐变填充：R27、G58、B150→R15、G38、B150→R5、G16、B59→R32、G59、B149→R63、G107、B218→R121、G129、B237。

08 按键盘【]】键编辑内容，选择"A2-a"，渐变填充：R7、G16、B59→R222、G230、B255，按键盘【J】键结束编辑；选择"A2-c"，填充：R172、G188、B252。

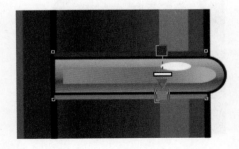

09 选择"A3-c"，渐变填充：R18、G57、B136→R150、G176、B235。

10 选择"A3"，渐变填充：R185、G194、B247→R63、G107、B218→R10、G43、B140→R121、G160、B237。

11 选择"A3-a",渐变填充:R185、G210、B247→R63、G107、B218→R121、G150、B237。

12 选择三个按键,渐变填充:R14、G39、B90→R32、G73、B149→R63、G117、B218→R121、G161、B237。

13 选择C面的"A1",按【Ctrl+Shift+A】组合键,指向A面的"A1"。

14 选择"A1+1",渐变填充:R14、G37、B90→R32、G82、B149→R63、G123、B218→R121、G175、B237。

15 选择"C2-a",渐变填充:R195、G208、B252→R32、G51、B149→R63、G102、B218→47、G92、B205→R10、G23、B99。

16 选择"C2",渐变填充:R195、G215、B252→R63、G102、B218→R32、G73、B149→R14、G47、B145。

17 选择"C2-b",渐变填充:R14、G19、B90→R32、G65、B149→R63、G99、B218→R121、G150、B237。

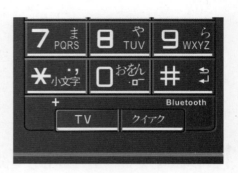

18 选择"C3",按【Ctrl+Shift+A】组合键,指向"C2";选择"C3-b"按【Ctrl+Shift+A】组合键,指向"C2-b";选择"C3-a"按【Ctrl+Shift+A】组合键,指向"C2-a"。

19 选择"C15",渐变填充:R24、G57、B140→R63、G123、B218→R121、G160、B237;选择"C15-b"与"C16",按【Ctrl+R】组合键。

20 选择"C15-c",渐变填充:R24、G57、B140→R63、G117、B218→R121、G175、B237;选择下面四条线,按【Ctrl+R】组合键。

21 选择"C4-a",渐变填充:R195、G218、B252→R32、G71、B149→R63、G110、B218→R47、G92、B205→R10、G41、B99。

22 选择"C4",渐变填充:R31、G73、B151→R139、G183、B242。

23 选择"C4-b",渐变填充：R20、G52、B112→R9、G54、B145。

24 选择"C5",按【Ctrl+Shift+A】组合键,指向"C4";选择"C5-b"复制"C4-b"的填充属性;选择"C5-a",复制"C4-a"填充属性,右边两组按键也照此设置。

25 选择"C16-b",渐变填充：R24、G57、B140→R63、G123、B218→R121、G160、B237。选择右边分型线,按【Ctrl+R】组合键。

26 选择"C6-a",复制"C4-a"的填充属性;选择"C7",渐变填充：R31、G73、B151→R139、G183、B242。

27 选择"C7-a",渐变填充：R20、G52、B112→R9、G54、B145。

28 选择选择"C8",渐变填充：R14、G37、B90→R32、G73、B149→R63、G115、B218→R121、G165、B237。

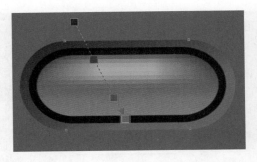

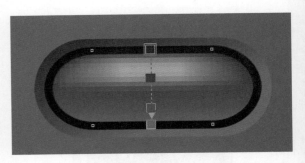

29 选择 "C10-a"，渐变填充：R14、G29、B90→R32、G73、B149→R63、G123、B218→R121、G156、B237。

30 选择 "C10"，按【Ctrl+Shift+A】组合键，指向 "C10-a"，调整渐变方向如上图所示。

31 选择 "C11"，渐变填充：R15、G35、B94→R8、G26、B71→R41、G93、B172→R4、G18、B54→R8、G27、B102，线框填充R171、G199、B255。

32 选择 "C11-a"，渐变填充：R15、G43、B94→黑色→R8、G21、B71→R32、G77、B149→R63、G135、B218→R102、G139、B231→R41、G80、B172→黑色→黑色→R42、G73、B174→R56、G103、B196→R102、G167、B241→R75、G121、B226→R4、G17、B54→R8、G41、B102。

33 选择 "C12"，渐变填充：R76、G142、B212→R5、G18、B61→R10、G26、B89→R8、G26、B71→R32、G59、B149→R63、G110、B218→R102、G158、B231→R41、G78、B172→R4、G22、B54→R8、G32、B102。

34 选择 "C12-a"，渐变填充：R15、G35、B94→R14、G30、B84→黑色→R8、G29、B71→R32、G67、B149→R63、G123、B218→R102、G158、B231→R41、G91、B172→黑色→黑色→R42、G80、B174→R56、G105、B196→R102、G162、B241→R75、G105、B226→R4、G19、B54→R8、G22、B102。

35 选择"C13",渐变填充：R195、G211、B252→R63、G123、B218→R32、G71、B149→R14、G64、B145。

36 选择"C13-a",渐变填充：R14、G41、B90→R32、G79、B149→R63、G94、B218→R121、G175、B237。

37 选择"C14",渐变填充：R12、G20、B79→R21、G102、B173→R139、G173、B242。

38 选择字符如上图所示,填充：R163、G206、B255。

39 选择"C1",渐变填充：黑色→R20、G21、B22→R91、G132、B214→R96、G138、B222。

40 将侧面转轴与按键替换成蓝色。

41 选择B面的"A1"，按【Ctrl+Shift+A】组合键，指向A面的"A1"

42 选择B面的"A1+1"，渐变填充：R4、G3、B41→R5、G16、B59→R32、G65、B149→R63、G107、B218→R122、G145、B237。

43 选择"B5"，渐变填充：R46、G92、B185→R19、G55、B109→R6、G20、B56→R7、G21、B63→R16、G45、B100→R58、G88、B209→R15、G32、B97。

44 选择"D1"，渐变填充：R17、G42、B184→R63、G81、B218→R113、G143、B234→R203、G220、B252。

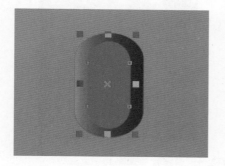

45 选择"D1-b"，填充：R95、G148、B228。

46 将右边胶塞填充一样的颜色。

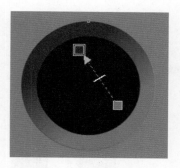

47 选择"D-y5",渐变填充:R123、G171、B247→R6、G7、B71。

48 选择其他音孔,按【Ctrl+R】组合键,照此填充。

49 选择"L-d2",线框填充:R194、G217、B255。

50 选择"Y-d1",渐变填充:R69、G110、B232→R6、G19、B71;选择"Y-d2",将里面的位图色度调整为-108。

51 将整个A面与D面重复的效果水平镜像复制一份,替换掉D面效果。

52 选择"L-1",渐变填充:R14、G36、B90→R32、G67、B149→R63、G138、B218→R121、G181、B237。

53 选择"L-1"，按键盘【]】键编辑内容，选择"L-1c"，填充：R24、G68、B119；按键盘【J】键结束编辑。

54 选择"L-2"，渐变填充：R14、G29、B90→R32、G82、B149→R63、G115、B218→R14、G30、B93→R121、G165、B237。

55 选择"L-2b"，渐变填充：R14、G26、B90→R32、G59、B149→R63、G123、B218→R92、G135、B199→R49、G98、B188→R14、G34、B93→R121、G161、B237。

56 选择"L-3"，渐变填充：R14、G29、B90→R32、G65、B149→R63、G135、B218→R49、G114、B188→R14、G27、B93→R121、G171、B237。

57 选择"L-3",按键盘【]】键编辑内容,选择"L-3a"与"L-3b",填充:R25、G59、B122,按键盘【J】键结束编辑。

58 选择"L-5",渐变填充:R159、G165、B250→R4、G32、B87;选择"L-6"、"L-7"与"L-8",按【Ctrl+R】组合键。

59 选择上图直线,线框填充:R194、G212、B255。

60 选择"R-1",按【Ctrl+Shift+A】组合键,指向A面右侧转轴。

61 选择"R-1b",渐变填充:R7、G16、B59→R222、G227、B255。

62 选择反光,按【Ctrl+Shift+A】组合键,指向A面右侧转轴反光。

63 选择 "R-2" ，按【Ctrl+Shift+A】组合键，指向 "A3-c" ；选择 "R-2b" ，按【Ctrl+Shift+A】组合键，指向 "A3" ；选择 "R-2c" ，按【Ctrl+Shift+A】组合键，指向 "A3-a" 。

64 选择 "R-3" ，渐变填充：R14、G26、B90→R32、G51、B149→R63、G110、B218→R121、G156、B237。

65 选择 "R-3b" ，按【Ctrl+Shift+A】组合键，指向 "R-3" 。选择 "R-3c" ，按【Ctrl+R】组合键，进行水平镜像。

66 将其他几组按键填充一样的颜色。

67 将整个左侧面与右侧面重复的效果水平镜像复制一份，替换掉右侧面效果。所有面效果置换完成。

☆ 自我评价 ☆

我们在表现某个单一面时，会相对简单容易些，不需要过多地考虑产品零件不同面的造型与相应关系；而整机产品的绘制，不仅仅是各个单一面的汇总，面与面之间还需要互相呼应，例如在体现正面的按键时，侧面也需要体现。

我们已经完成了一个整机的绘制过程，了解了手机外观设计的流程，现在拿到一个手机设计的订单，是否能独立完成呢？

4.4 排版

进入页面1，双击工具栏的"矩形"工具图标，形成了一个页面大小的矩形，对其线框进行无色填充；单击标准栏的"导出"图标，将文件导出为"双向翻盖机-动感红.jpg"图片；在Photoshop中根据个人喜好加上背景。

4.5 小结与课后练习

　　今天学会了完整产品绘制的过程，与表现单一产品面最大的区别在于：面与面之间是相互关联的，如某个面的零件，在其他面也会有所体现，比如电池盖的分型线不仅在背面体现，同时侧面也需要体现，并且要保证两者水平线的一致性，不能一个高一个低。

　　为了自测一下今天的学习成果，我们先将今天制作的蓝色机进行排版，有时间还可以在课后将今天绘制的效果换成其他颜色！

第 **5** 天　炉火纯青

　　今天是我们学习的第5天了，前几天陆陆续续地学习了直板手机与翻盖手机的表现技巧，那么手机的三大机型就只差滑盖手机了。
　　今天选用的案例是典型的商务智能型滑盖手机，我们该如何表现呢？还是让我们看看今天的内容吧。

学习目的：滑盖手机表现技巧
知 识 点：高斯模糊、旋转、渐变填充
学习时间：一天

将手机设计进行到底

🔍 5.1 手机设计所涉及到的方方面面

手机设计的过程是一个漫长的设计链条。在通常情况下，一款手机从上市到被用户买下，其间往往要经过一两个月的时间。而一款手机从设计理念的提出，到最终成功上市，时间则会很漫长，这期间也会经历非常复杂的过程。

那么在外形设计过程中，我们还需要掌握哪些知识呢？

外形设计注意事项

进行外形设计，很多地方都需要注意，下面罗列其中重要几项：

1. 天线位置不便放置金属或电镀装置，以免对信号造成干扰。

2. 螺丝孔周边4mm不要有按键，以免影响装配。

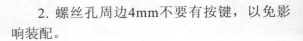
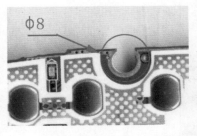

3. 所有按键最小宽度不小于1.5mm。

4. 为保证按键触感，尽可能将按键做到触点正中间，如不能做到，至少需要覆盖触点的2/3以上。

外形设计思路

1. 了解市场需求与手机的功能定位和消费群；

2. 针对该定位来制定设计方向，如低端、高端机之分；年轻人、老年人消费群之分；或商务、智能、音乐等多个方面。

3. 从网上、杂志等地方搜集一系列相关资料进行整理，特别是最新上市或即将上市的机型，从中吸收精华，加深对市场需求的进一步了解。

4. 清楚了定位后，就按照这些功能诉求与消费群的需求点进行草图绘制。

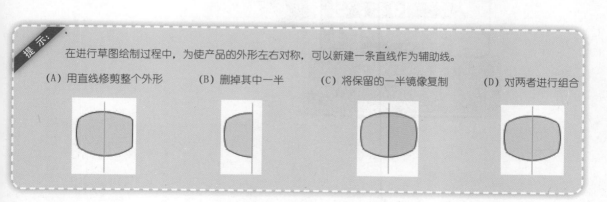

提示：在进行草图绘制过程中，为使产品的外形左右对称，可以新建一条直线作为辅助线。

（A）用直线修剪整个外形　　（B）删掉其中一半　　（C）将保留的一半镜像复制　　（D）对两者进行组合

自我检测

我们对手机设计的具体流程以及设计涉及到的有关方面有了简单了解。如此多的信息量，在工作和学习过程中，都会派上用场。今天的学习重点是进行滑盖手机的整机效果表现！

先看看这么多的色彩，你是否能独立完成呢？

5.2 滑盖手机外形设计详解

滑盖手机要通过推拉滑动才能展开全部机身，反方向滑动机身又可收缩。按滑盖方向分为侧滑盖、下滑盖、双向滑盖手机。滑盖手机显著特色是不用时体积小，屏幕大，操作方便，但是和翻盖机一样，排线故障率高。滑盖手机的表现和翻盖机有什么区别呢？

5.2.1 线框绘制

正面线框建立

此款机型的正面线框绘制特别简单，只需用到矩形工具就能绘制出来。

- ⊙ 使用到的技术　　矩形工具、相交、对齐与分布
- ⊙ 学习时间　　　　5分钟
- ⊙ 视频地址　　　　光盘\第5天\1.swf
- ⊙ 源文件地址　　　光盘\第5天\商务智能侧滑机.cdr

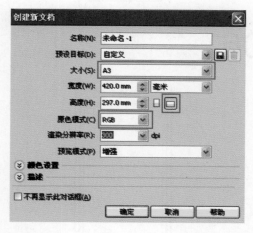

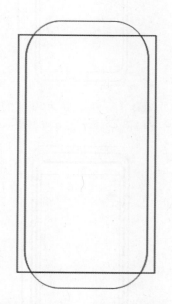

01 运行CorelDRAW程序，新建文件，按【Ctrl+Shift+S】组合键，将文件保存为"商务智能侧滑机"。

02 建立矩形"A"，值为62.4*140.4，倒角19.5，建立矩形"B"，值为70*124.7，与"A"进行【E】、【C】对齐后上移0.4。

03 选择"A"与"B", 两者进行相交, 删掉多余图形, 相交图形命名为"A-1"。

04 建立矩形"A-2", 值为61.5*117.6, 倒角7.7, 与"A-1"进行【C】、【E】对齐后下移0.7。

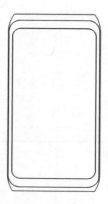

05 建立矩形"A-3", 值为56.6*105.7, 倒角5.6, 与"A-2"进行对齐后上移0.3。

06 选择"A-3", 按键盘【+】键复制一个, 命名为"A-3b", 值改为55.3*104, 倒角5。

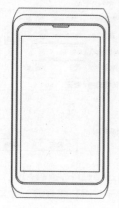

07 建立矩形"A-4", 值为50.6*88.7, 与"A-3"进行【C】、【E】对齐。

08 建立矩形"A-5", 值为10.3*1.3, 倒角，与"A-3b"进行【C】、【T】对齐。

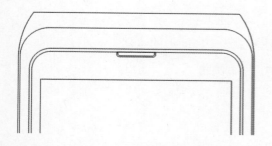

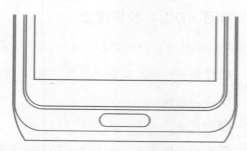

09 选择"A-5"，按键盘【+】键复制一个，命名为"A-5b"，值改为9.7*1，与"A-5"进行【T】对齐。

10 建立矩形"A-6a"，值为13.9*3.6，倒角1.8；与"A-2"进行【C】、【B】对齐后上移1.4。

11 选择"A-6a"，按键盘【+】键复制一个，命名为"A-6b"，值改为13*3。

12 选择"A-6b"，按键盘【+】键复制一个，命名为"A-6c"，值改为11.9*2.1。

13 建立矩形"A-7"，值为9.6*0.5，与"A-6c"进行【C】、【E】对齐；整个A面线框制作完成。

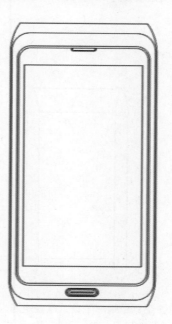

 小提示

　　1、我们建完正面线框，并不着急建立按键面的线框，这是为什么呢？等我们开始制作材质的时候，大家自然会明白了。
　　2、此章节我们不进行手机B面的表现，手机B面主要是滑杆的表现，因为滑杆是常规件，一般会由客户提供现有的，没有特殊情况，我们不进行表现。

背面（D面）线框建立

背面线框建立也不复杂，比正面稍微复杂的是多了一个辅助形的建立。

○ 使用到的技术	矩形工具、椭圆工具、修剪、节点编辑
○ 学习时间	5分钟
○ 视频地址	光盘\第5天\2.swf
○ 源文件地址	光盘\第5天\商务智能侧滑机.cdr

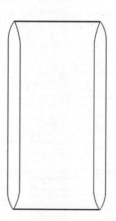

01 按住【Ctrl】键，将正面"A-1"水平复制一个在旁边命名为"D-1"。

02 单击工具箱矩形工具，建立矩形"D-2"，值为54.3*124，与"D-1"进行【C】、【E】对齐，单击鼠标右键，选择【转换为曲线】，双击"D-2"，在曲线上下两端差不多14位置各增加两个节点，框选中间四个节点往内移动4；并将曲线如上图所示调整。

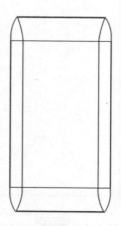

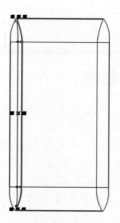

03 单击工具箱矩形工具，建立矩形"D-3"，值为62.4*94.5，与"D-1"进行【C】、【E】对齐。

04 建立矩形"D-4"，值为2.5*120，与"D-2"进行【E】、【L】对齐；单击鼠标右键，选择【转换为曲线】，双击"D-4"，如上图所示调整曲线。

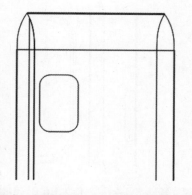

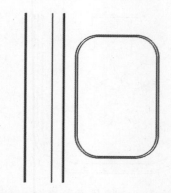

05 单击工具箱矩形工具，建立矩形"D-2a"，值为15.2*23.3，倒角4.4；与"D-1"进行【L】、【T】对齐后右移9，下移25.7。

06 将其复制一个，命名为"D-2b"，其值改为14.5*22.8。

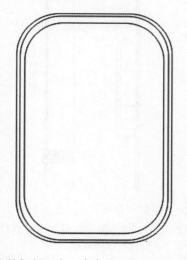

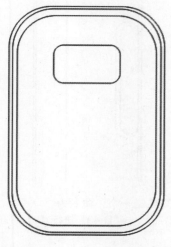

07 将其复制一个，命名为"D-2c"，其值改为13.6*21.4。

08 建立矩形"D-3a"，值为6.5*3.9，倒角1，与"D-2c"进行【C】、【T】对齐后下移3。

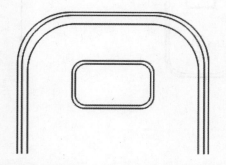

09 将其复制一个，命名为"D-3b"，其值改为6*3.4。

10 单击工具箱"椭圆"工具，按住【Ctrl】键，建立正圆"Y-1"，值为3.7*3.7，与"D-3b"进行【C】、【B】对齐后下移10。

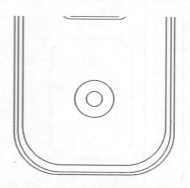

11 选择"Y-1",将其复制一个,命名为"Y-2",值改为1.5*1.5。

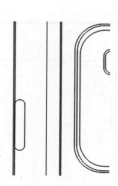

12 建立矩形"D-4a",值为1.5*8,倒角0.7,与"D-1"进行【L】、【E】对齐后上移21。

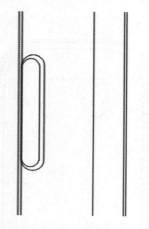

13 将其复制一个,命名为"D-4b",值改为1.2*7.5,与"D-4a"进行【L】对齐。

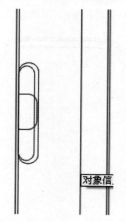

14 建立矩形"D-5a",值为1.4*2.8,倒角 ，与"D-4a"进行【E】、【R】对齐,线框粗细改为细线。

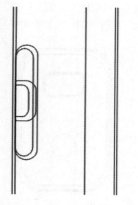

15 将其复制一个,命名为"D-5b",值改为0.9*2.2,与"D-5a"进行【L】对齐。

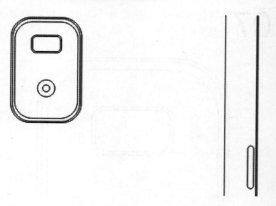

16 建立矩形"D-6a",值为1.3*9.5,倒角0.65,与"D-1"进行【R】、【E】对齐后上移4,左移0.5。

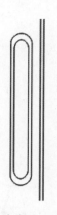

17 将其复制一个，命名为"D-6b"，尺寸改为0.9*8.7。

18 建立矩形"D-6c"，尺寸为1.1*6.3，倒角为0.55，与"D-6b"进行【C】、【T】对齐，线框粗细改为细线。

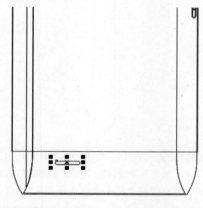

19 将其复制一个，命名为"D-6d"，尺寸改为0.7*5.8，与"D-6c"进行【R】对齐。

20 建立矩形"D-7a"，尺寸为8.3*1.2，倒角0.6；与"D-1"进行【B】、【L】对齐后上移10，右移14.4。

21 将其复制一个，命名为"D-7b"，尺寸改为7.8*0.8，整个背面制作完成。

侧面线框建立

侧面线框建立主要运用矩形工具结合节点的编辑，大轮廓建好了再建立小细节。

○ 使用到的技术	矩形工具、节点编辑、组合	
○ 学习时间	5分钟	
○ 视频地址	光盘\第5天\3.swf	
○ 源文件地址	光盘\第5天\商务智能侧滑机.cdr	

01 建立矩形"L-1a"，值为13.6*140.4，倒角6.8，单击鼠标右键，选择【转换为曲线】，双击"L-1a"，将左上第一个节点下移9。

02 右上第一个节点下移13。

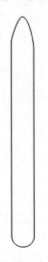

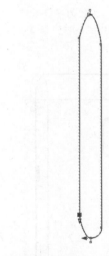

03 如上图所示调整节点曲率。

04 左下第一个节点上移8。

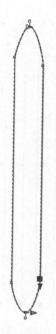

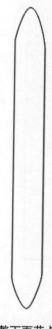

05 右下第一个节点上移10。

06 如上图所示调整下面节点曲率。

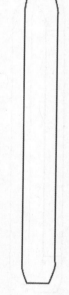

07 选择"L-1a",与"A-1"进行【E】对齐,建立矩形"L-1b",值为16*124.7,与"L-1a"进行【C】、【E】对齐,两者进行相交后删掉多余图形,相交图形命名为"L-1"。

08 选择"L-1",在右边曲线与正面"A-3"水平对齐方向上增加两个节点,将下面新增节点上移1.2;选择中间两个节点,往左移动0.2,调整好节点的节率。

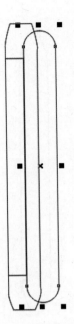

09 建立矩形"L-2",值为7.6*94.5,与"L-1"进行【E】、【L】对齐。

10 建立矩形"L-3a",值为13.5*118.4,倒角6.75,与"L-1"进行【L】、【E】对齐后,右移7.7。

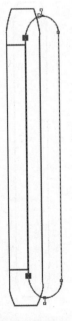

11 单击鼠标右键,选择【转换为曲线】,双击"L-3a",将左边两个节点往内移动2。

12 选择"L-1"与"L-3a",两者进行相交,相交图形命名为"L-3"后删掉多余图形。

13 建立矩形"L-4a",值为4.3*9.5,倒角2.2;与"D-6a"进行【E】对齐,与"L-1"进行【L】对齐后右移2.6,将其复制一个并命名为"L-4g",值改为3.8*8.5,两者进行组合为"L-4"。

14 建立矩形"L-4b",值为4*6.3,倒角2;与"L-4"进行【C】对齐,与"D-6c"进行【E】对齐。

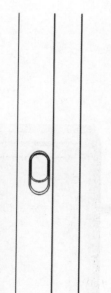

15 将其复制一个,命名为"L-4c",尺寸改为3.5*5.8。

16 整个左侧面线框绘制完成。

5.2.2 质感体现

随着新兴工艺与材质的不断出现,手机的外观设计由传统设计进一步走向多元化设计。在未来的手机外观设计中,个性化、时尚化、身份化、节能环保等将成为外观设计的主题!

拉丝铝板

拉丝铝板效果是金属哑光中泛有细密的发丝光泽。近年来，越来越多的手机采用这种材质，即美观、抗侵蚀，又使产品兼备时尚和科技元素。

钛合金

钛合金以其高强度、耐腐蚀、耐低温等一系列特性，这种材料经常被用于制造飞机和航天飞行器，价格自然要比其他金属材质贵。

镜面材质

镜面材质多用于时尚手机或者高端手机当中，强烈的反射会让手机看上去犹如一面闪闪发光的镜子。镜面手机凭借独特的优点从上市之初就获得了消费者们的喜爱。

镜面手机也有不足之初，"指纹收集器"是它独特的称号。只要是手接触过的地方就会留下痕迹，严重影响了自身美感，而且镜面的抗磨性不高，稍不留神就会留下划痕。

受篇幅所限，我们就不一一介绍其他材质与工艺了，还是赶紧进入我们今天的主题吧！

A面效果制作

◉ 使用到的技术	渐变填充、透明渐变、高斯模糊
◉ 学习时间	15分钟
◉ 视频地址	光盘\第5天\4.swf
◉ 源文件地址	光盘\第5天\商务智能侧滑机.cdr
◉ 素材地址	光盘\第5天\商务智能侧滑机\logo.cdr

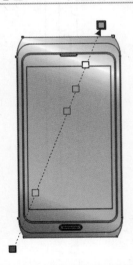

01 选择"A-1"，进行线性渐变填充：R121、G130、B50→R228、G236、B135→R201、G212、B108→R206、G217、B113→白色→R197、G208、B104。

02 选择"A-1"，按键盘【+】键，复制一个并命名为"A-1b"，值改为62*124，按键盘【F11】键，修改线性渐变填充：R173、G179、B83→R97、G102、B26→R155、G163、B62→R227、G235、B134→R206、G217、B113→R145、G155、B59→R71、G77、B27→R113、G120、B46，线框无色填充。

03 选择"A-1",按键盘【+】键,复制两个分别命名为"1a"与"1b","1a"尺寸改为60*124,"1b"改为58*124,两者进行修剪,修剪图形命名为"A-1c",填充R206、G211、B142。

04 将"A-1c"转为位图进行高斯模糊,模糊值设置为4;选择"A-1c",按键盘【[】键置入"A-1b"内。

05 单击工具箱矩形工具,建立矩形"A-1e",值为28.3*122.6,与"A-1b"进行【E】、【L】对齐后右移5,填充白色,线框无色填充;单击工具箱透明度工具,进行线性透明渐变填充:黑色→30%黑色→黑色。

06 选择"A-1e",按【Ctrl+X】组合键;选择"A-1b",按键盘【[】键编辑内容,按【Ctrl+V】组合键,将"A-1e"复制到了"A-1b"内,按键盘【J】键结束编辑。

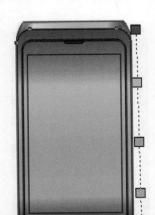

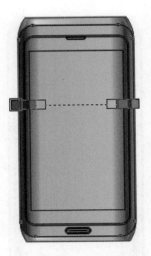

07 选择"A-2"，按键盘【+】键复制一个并命名为"A-2b"，值改为62.4*118.6，单击鼠标右键，选择【置于此对象前】，指向"A-1b"；选择"A-2b"，按键盘【G】键，按住【Ctrl】键，进行线性渐变填充：R121、G130、B50→R228、G236、B135→R201、G212、B108→R206、G217、B113→R102、G110、B44→R197、G208、B104，线框无色填充。

08 选择"A-2"，按【Ctrl+Shift+A】组合键，指向"A-1b"。

09 选择"A-1b"，按键盘【]】键编辑内容，按【Ctrl+A】组合键进行全选，按【Ctrl+C】组合键，按键盘【J】键结束编辑；随意建一个图形，按键盘【]】键置入"A-2"；选择"A-2"，按键盘【]】键编辑内容，删掉刚才建的任意图形后，按【Ctrl+V】组合键，将复制后位图"A-1c"的尺寸改为61*126。

10 按键盘【J】键结束编辑。

11 选择"A-3",按【Ctrl+Shift+A】组合键,指向"A-2b",线框无色填充。

12 选择"A-3b",填充黑色,线框无色填充;从光盘导入"界面2.jpg"文件,置入"A-4"并调整好大小。

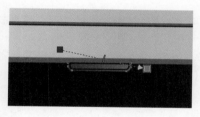

13 选择"A-5",按键盘【G】键,进行线性渐变填充:70%黑色→40%黑色,线框无色填充。

14 选择"A-5b",填充黑色,线框无色填充。

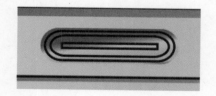

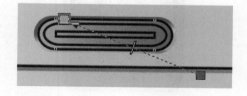

15 选择"A-6a",按【Ctrl+Shift+A】组合键,指向"A-2b",线框无色填充。

16 选择"A-6b",按键盘【G】键,进行线性渐变填充:R121、G130、B50→R197、G208、B104。

17 选择"A-6c",线性渐变填充:R173、G179、B83→R227、G235、B134→R206、G217、B113→R113、G120、B46,线框无色填充。

18 选择"A-7",填充黑色,线框无色填充。

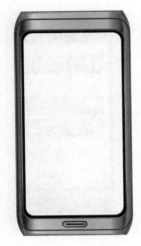

19 选择"A-3b",复制一个并命名为"A-3c",在属性栏将尺寸修改为53*102,选择"A-3c",填充白色。

20 单击工具箱透明度工具,进行线性透明渐变填充:白色→黑色→黑色→40%黑色。

21 从光盘导入"logo.cdr"文件,填充白色,放在镜片上方,整个A面制作完成。

C面效果制作

⭕ 使用到的技术　　渐变填充、透明渐变、高斯模糊

⭕ 学习时间　　　　10分钟

⭕ 视频地址　　　　光盘\第5天\5.swf

⭕ 源文件地址　　　光盘\第5天\商务智能侧滑机.cdr

⭕ 素材地址　　　　光盘\第5天\商务智能侧滑机\字符.cdr

01 将整个A面复制一个在旁边，旋转90°；选择 "A-4"，按键盘【]】键编辑内容，删掉"界面2.jpg"，从光盘导入"界面1.jpg"文件，调整好大小，按键盘【J】键结束编辑。

02 将"A-1"、"A-1b"、"A-2b"下移34。

03 选择"A-2b"，按键盘【+】键复制一个，命名为"C-1"，尺寸改为117.5*59.5，按键盘【F11】键，修改线性渐变填充为：R46、G46、B46→R68、G68、B67→R91、G91、B91→R66、G66、B66→R70、G70、B70→R43、G43、B43，线框填充黑色。

04 选择"C-1"，按键盘【+】键复制一个，命名为"C-2"，上移30，按键盘【G】键，按住【Ctrl】键，进行线性渐变填充：黑色→60%黑色，线框无色填充。

05 选择"C-2"，转换为曲线，双击"C-2"，将上面节点下移30，单击菜单栏"位图→转换为位图"与"位图→模糊→高斯模糊"，将模糊值设置为8，在属性栏将位图尺寸调整为119*33.7。

06 单击工具箱矩形工具，建立矩形"C-3a"，值为8.6*6.3，倒角1.7，与"C-1"进行【L】、【B】对齐后右移8.3，上移3.6。

07 按键盘【G】键进行线性渐变填充：70% 黑色 →30% 黑色，线框无色填充。

08 选择 "C-3a"，按键盘【+】键复制一个，命名为 "C-3b"，值改为8*5.8，线性渐变填充：90% 黑色→60% 黑色，线框填充黑色。

09 将其复制一个，命名为 "C-3c"，值改为7.4*5，线性渐变填充：R67、G67、B67 →70% 黑色，线框无色填充。

10 框选 "C-3a"、"C-3b" 与 "C-3c"，按键盘【+】键复制一组，右移9.3。

11 重复上步操作，将其复制9个，间距保持在9.3。

12 框选这一排矩形，按键盘【+】键复制一组，上移6.8，重复上步操作，再复制出两排矩形。

13 将最下面一排矩形的中间三组删掉。

14 建立矩形 "C-4a"，值为27*6.2，倒角1.7，与第二排正中间矩形进行【C】对齐，与最下面一排矩形进行【E】对齐，按【Ctrl+Shift+A】组合键，复制 "C-3a" 填充效果。

15 选择 "C-4a"，复制一个并命名为 "C-4b"，值改为26.6*5.7，复制 "C-3b" 的填充效果。

16 选择 "C-4b"，复制一个并命名为 "C-4c"，值改为25.8*5，复制 "C-3c" 的填充效果。

17 选择所有按键，进行群组，与"C-1"进行【C】对齐；从光盘导入"字符.cdr"文件，放在按键上。

18 整个C面制作完成，将其群组，与A面进行【B】对齐。

D面效果制作

- ○ 使用到的技术　渐变填充、透明渐变、高斯模糊
- ○ 学习时间　　　10分钟
- ○ 视频地址　　　光盘\第5天\6.swf
- ○ 源文件地址　　光盘\第5天\商务智能侧滑机.cdr
- ○ 素材地址　　　光盘\第5天\商务智能侧滑机\摄像头.jpg
- 　　　　　　　　光盘\第5天\商务智能侧滑机\闪光灯.jpg
- 　　　　　　　　光盘\第5天\商务智能侧滑机\8hp.cdr

01 选择"D-1"，按键盘【G】键后按住【Ctrl】键，进行线性渐变填充：R173、G179、B83→R97、G102、B26→R155、G163、B62→R227、G236、B134→R206、G217、B113→R145、G155、B59→R88、G94、B29→R113、G120、B46。

02 选择"D-2"，按键盘【G】键后按住【Ctrl】键，进行线性渐变填充：R173、G179、B83→R121、G128、B28→R155、G163、B62→R227、G235、B134→R169、G179、B75→R183、G194、B80→R113、G120、B46，线框无色填充。

03 单击菜单栏"位图→转换为位图"与"位图→模糊→高斯模糊",模糊值设置为10,单击键盘【[】键将其置入"D-1"中。

04 选择"D-3",按键盘【G】键后按住【Ctrl】键,进行线性渐变填充:R137、G143、B59→R97、G102、B26→R155、G163、B62→R206、G217、B113→R145、G155、B59→R101、G110、B35→R113、G120、B46,线框无色填充。

05 选择"D-4",填充白色,线框无色填充,单击菜单栏"位图→转换为位图"与"位图→模糊→高斯模糊",模糊值设置为9。

06 单击工具箱透明度工具,按住【Ctrl】键,进行线性透明渐变填充:黑色→白色→20%黑色→白色→黑色。

07 建立矩形"D-5"，值为2*100，填充白色，线框无色填充，单击菜单栏"位图→转换为位图"与"位图→模糊→高斯模糊"，模糊值设置为7，放在如上图所示位置。

08 单击工具箱透明度工具，按住【Ctrl】键，进行线性透明渐变填充：黑色→40%黑色→20%黑色→黑色；按键盘【]】键，将"D-3"、"D-4"与"D-5"置入到"D-1"内。

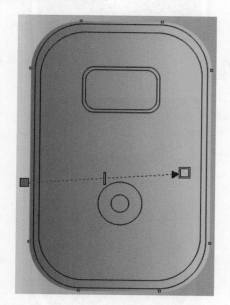

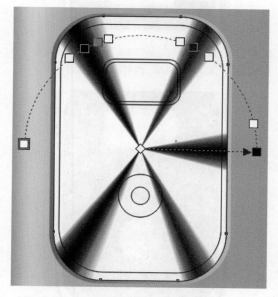

09 选择"D-2a"，按键盘【G】键，进行线性渐变填充：R137、G148、B53→R222、G232、B130，线框无色填充。

10 选择"D-2b"，按键盘【G】键，进行锥形渐变填充：白色→白色→黑色→40%黑色→白色→白色→80%黑色→白色→白色→黑色。

11 选择"D-2c"，填充黑色，线框填充白色。

12 选择"D-3a"，按键盘【G】键，进行线性渐变填充：黑色→20%黑色，线框无色填充。

13 从光盘导入"闪光灯.jpg"文件，按键盘【[】键，置入"D-3b"内并调整好大小。

14 选择"Y-1"，填充40%黑色，线框无色填充。

15 从光盘导入"摄像头.jpg"文件，按键盘【[】键，置入"Y-2"内。

16 从光盘导入"8hp.cdr"文件，填充白色，放在摄像头右边。

17 选择"D-2c"，按【Ctrl+C】与【Ctrl+V】组合键，复制一个并命名为"D-2d"，在属性栏将值改为12.8*20.5，填充白色，线框无色填充。

18 单击工具箱透明度工具，进行线性透明渐变填充：白色→黑色→黑色→白色。

19 将正面"NOTIA"logo复制一个并命名为"logo-1"，与"D-1"进行【L】、【E】对齐后，右移12.5，下移0.5；选择"logo-1"，填充：R102、G111、B36。

20 将其复制一个，命名为"logo-2"，上移0.2，右移0.1，填充：R194、G205、B101。

21 将其复制一个并命名为"logo-3"，上移0.2，右移0.1，填充白色。

22 将其置于"D-1"前面。

23 选择"D-4a"，按键盘【G】键，进行线性渐变填充：R121、G130、B50→R197、G208、B104，线框无色填充。

24 选择"D-4b"，填充黑色，线框无色填充。

25 选择"D-5a"，按键盘【G】键，按住【Ctrl】键，进行线性渐变填充：R92、G97、B27→R121、G128、B46→R148、G158、B60→R66、G71、B23。

26 选择"D-5b"，按键盘【G】键，进行线性渐变填充：R80、G87、B25→R122、G130、B52，线框无色填充。

27 选择"D-6a",按键盘【G】键,按住【Ctrl】键,进行线性渐变填充:R65、G71、B18→R197、G208、B104,线框无色填充。

28 选择"D-6b",填充黑色,线框无色填充。

29 选择"D-6c",按【Ctrl+Shift+A】组合键,指向"D-5a"。

30 选择"D-6d",按【Ctrl+Shift+A】组合键,指向"D-5b",线框无色填充。

31 将"D-6c"与"D-6d"水平镜像复制一组分别命名为"D-6e"与"D-6f"到左边,尺寸改为1.7*10与1*9.5。

32 将其群组后,与"D-1"进行【L】、【B】对齐后上移28.8。

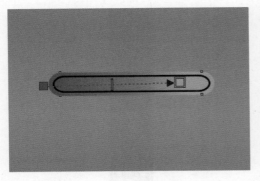

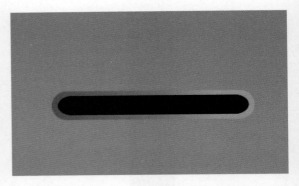

33 选择"D-7a",按键盘【G】键,按住【Ctrl】键,进行线性渐变填充:R121、G130、B50→R197、G208、B104,线框无色填充。

34 选择"D-7b",填充黑色,线框无色填充。

35 整个背面制作完成。

侧面效果制作

- 使用到的技术　　渐变填充、透明渐变、高斯模糊
- 学习时间　　　　10分钟
- 视频地址　　　　光盘\第5天\7.swf
- 源文件地址　　　光盘\第5天\商务智能侧滑机.cdr

01 选择"L-1",按键盘【G】键,按住【Ctrl】键,进行线性渐变填充:R173、G179、B83→R97、G102、B26→R227、G235、B134→R206、G217、B113→R145、G155、B59→R88、G94、B29→R155、G163、B62→R113、G120、B46。

02 将其复制一个,命名为"L-1b",按键盘【F11】键,修改线性渐变填充:R173、G179、B83→R121、G128、B28→R155、G163、B62→R227、G235、B134→R169、G179、B75→R183、G194、B80→R113、G120、B46,线框无色填充。

03 单击工具箱透明度工具,按住【Ctrl】键,进行线性透明渐变填充:黑色→白色→白色→黑色,选择"L-1b",按键盘【[]】键,置入"L-1"内。

04 选择"L-2",按键盘【G】键,按住【Ctrl】键,进行线性渐变填充:R173、G179、B83→R206、G217、B113→R145、G155、B59→R88、G94、B29→R155、G163、B62→R113、G120、B46,线框无色填充。

05 选择"L-3",按键盘【G】键,按住【Ctrl】键,进行线性渐变填充:R123、G128、B46→R184、G195、B78→R220、G229、B127。

06 选择背面"D-1",按键盘【]】键编辑内容,选择"D-4",先按【Ctrl+C】组合键,再按键盘【J】键结束编辑后按【Ctrl+V】组合键,单击属性栏的"水平镜像",按键盘【]】键置入到"L-3"内,调整好位置。

07 选择"L-3",在属性栏将尺寸调整为6*117.6,按键盘【+】键复制一个,命名为"L-3b",尺寸改为6.5*118.6,左移0.2,填充黑色,线框填充:R250、G255、B199;将其置于"L-2"前面。

08 选择"L-4",按键盘【G】键,按住【Ctrl】键,进行线性渐变填充:R65、G71、B18→R197、G208、B104,线框无色填充。

09 选择"L-4b",按键盘【G】键,进行线性渐变填充:R80、G87、B25→R122、G130、B52。

10 选择"L-4c",按键盘【G】键,按住【Ctrl】键,进行线性渐变填充:R176、G184、B63→R66、G71、B23,线框无色填充。

11 将制作完成的左侧面水平镜像复制一个到右边后删掉按键。

12 建立矩形"R-1a"，尺寸为3.5*17.5，倒角1.75，与复制后的"L-1"进行【T】、【R】对齐后下移16.5，左移2.6，按键盘【G】键，按住【Ctrl】键，进行线性渐变填充：R100、G110、B28→R197、G208、B104。

13 将其复制一个并命名为"R-1b"，尺寸改为3*17，线框无色填充，单击属性栏的"水平镜像"。

14 建立矩形"R-2"，尺寸为0.9*9.4，与"R-1a"进行【R】、【E】对齐后，水平镜像到右边，按【Ctrl+Shift+A】组合键，指向"L-1"。

15 建立矩形"R-3a"，值为3.6*8，倒角1.8；与"R-1a"进行【L】对齐，与"D-4a"进行【E】对齐，按【Ctrl+Shift+A】组合键，指向"R-1a"，线框无色填充。

16 将其复制一个并命名为"R-3b",尺寸改为3.2*7.6,填充:R68、G74、B10。

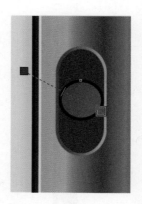

17 建立圆"Y-3a",值为3*2.8,与"D-5a"进行【E】对齐,与"R-3a"进行【C】对齐,按键盘【G】键,进行线性渐变填充:R80、G87、B25→R122、G130、B52。

18 将其复制一个并命名为"Y-3b",值改为2.3*2.2,按键盘【F11】键,修改线性渐变填充为:R176、G184、B63→R66、G71、B23,线框无色填充。

19 建立矩形"R-4a",值为3.6*10,倒角1.8,与"D-6c"进行【E】对齐,与"R-1a"进行【L】对齐,按【Ctrl+Shift+A】组合键,指向"R-1a"。

20 将其复制一个并命名为"R-4b",值改为3*9.5,按【Ctrl+Shift+A】组合键,指向"R-1b",线框无色填充。

21 整个右侧面制作完成。

5.3 银色机材质体现

进行银色机效果制作，我们可以采用前面的方法，保持整个明暗关系，只是将颜色的饱和度转换为灰色调。

- 使用到的技术　渐变填充、色度\饱和度\亮度、复制填充
- 学习时间　　　20分钟
- 视频地址　　　光盘\第5天\8.swf
- 源文件地址　　光盘\第5天\商务智能侧滑机.cdr

01 单击导航器的新增页面，新增一个页面2后回到页面1，框选4个物体，按键盘【Ctrl+C】键进行复制，进入页面2，按键盘【Ctrl+V】组合键进行粘帖；选择"A-1"，渐变填充：50%黑色→R232、G232、B232→R212、G212、B212→R214、G214、B214→白色→R209、G209、B209。

02 选择"A-1b"，渐变填充：30%黑色→60%黑色→R161、G161、B161→R227、G227、B227→R217、G217、B217→40%黑色→R79、G79、B79→R120、G120、B120；选择里面的位图，将饱和度设置为-100。

03 选择 "A-2b" ，渐变填充：R128、G128、B128→R237、G237、B237→R212、G212、B210→R219、G219、B219→R107、G107、B107→R207、G207、B207。

04 选择 "A-2" ，按【Ctrl+Shift+A】组合键，指向 "A-1b" ，选择里面的位图，将饱和度设置为-100。

05 选择 "A-3" ，按【Ctrl+Shift+A】组合键，指向 "A-2b" 。

06 选择 "A-6a" ，按【Ctrl+Shift+A】组合键，指向 "A-2b" ；选择 "A-6b" ，渐变填充：R125、G125、B125→R207、G207、B207。选择 "A-6c" ，渐变填充：R171、G171、B171→R232、G232、B232→R212、G212、B212→R117、G117、B117。

07 将整个A面复制一个在旁边，旋转90°；将"A-1"、"A-1b"、"A-2b"下移34；整机与原来绿色机进行【B】对齐。

08 将绿色机的"C-1"替换过来。

09 将绿色机的界面替换过来。

10 将按键与阴影也替换过来。

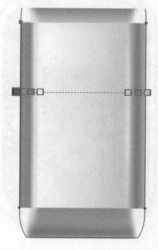

11 选择"D-1"，渐变填充：R181、G181、B181→60%黑色→R166、G166、B166→R224、G224、B224→R212、G212、B212→R148、G148、B148→R94、G94、B94→R117、G117、B117。

12 按键盘【J】键编辑内容，选择"D-3"，渐变填充：20%黑色→R145、G145、B145→R212、G212、B212→白色→R145、G145、B145→R161、G161、B161→R120、G120、B120。

13 选择位图，单击"效果→调整→色度/饱和度/亮度"，将饱和度设置为-100，亮度设置为65。

14 单击"效果→调整→亮度/对比度/强度"，将亮度设置为-10，对比度设置为40，按键盘【J】键结束编辑。

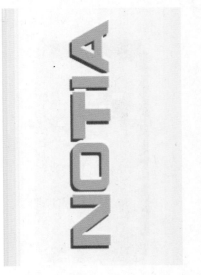

15 选择"D-2a"，渐变填充：R148、G148、B148→R230、G230、B230。

16 选择最上面logo，填充：R207、G207、B207；选择深色logo，填充：R115、G115、B115。

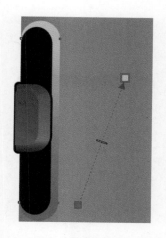

17 选择"D-4a"，渐变填充：R128、G128、B128→R207、G207、B207。

18 选择"D-5a"，渐变填充：60％黑色→R125、G125、B125→R161、G161、B161→R69、G69、B69。

19 选择"D-5b"，渐变填充：R89、G89、B89→R130、G130、B130。

20 选择"D-6a"，渐变填充：R69、G69、B69→R209、G209、B209。

21 选择"D-6c"，按【Ctrl+Shift+A】组合键，指向"D-5a"。

22 选择"D-6d"，按【Ctrl+Shift+A】组合键，指向"D-5b"。

23 将"D-6e"与"D-6f"填充一样的颜色。

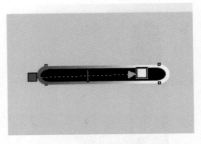

24 选择"D-7a",渐变填充：R125、G125、B125→白色。

25 选择"L-1",渐变填充：R176、G176、B176→50% 黑色→10%黑色→R207、G207、B207→30% 黑色→60%黑色→R161、G161、B161→50% 黑色。

26 选择"L-2",渐变填充：R176、G176、B176→白色→20%黑色→50%黑色→30%黑色→20%黑色。

27 选择"L-1b",渐变填充：20% 黑色→40% 黑色→R229、G229、B229→10% 黑色→20% 黑色→R229、G229、B229→R178、G178、B178。

28 按键盘【J】键结束编辑。

29 选择"L-3",渐变填充:R122、G122、B122→R189、G189、B189→R224、G224、B224。

30 选择"L-3b",线框填充:R242、G242、B242。

31 选择"L-4",渐变填充:60%黑色→R201、G201、B201。

32 选择"L-4b",渐变填充:40%黑色→R207、G207、B207。

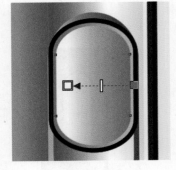

33 选择"L-4c",渐变填充:R145、G145、B145→白色。

34 选择"R-1a",渐变填充:40%黑色→R207、G207、B207。

35 选择"R-1b"，渐变填充：R145、G145、B145→白色。

36 选择"R-2"，按【Ctrl+Shift+A】组合键，指向"L-1"。

37 选择"R-3a"，渐变填充：40%黑色→白色。

38 选择"R-3b"，填充：R69、G69、B69。

39 选择"Y-3a"，渐变填充：R84、G84、B84→R128、G128、B128。

40 选择"Y-3b"，渐变填充：R176、G176、B176→70%黑色。

41 选择"R-4a"，按【Ctrl+Shift+A】组合键，指向"R-1a"。

42 选择"R-4b"，按【Ctrl+Shift+A】组合键，指向"R-1b"。

43 最后将左侧面水平镜像复制一个，替换掉右侧面重复的效果，整个银色机效果制作完成。

☆ 自我评价 ☆

到目前为止，我们已经学到了三大手机设计机型，对常规材质及工艺有了更多的了解，结合设计中的注意事项，手机设计还有什么不能搞定的呢！

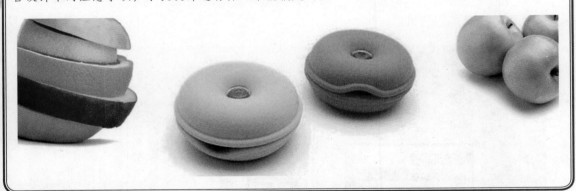

🔍 5.4 排版

进入页面1，双击工具栏的"矩形"工具图标，形成了一个页面大小的矩形，对其线框进行无色填充；单击标准栏的"导出"图标，将文件导出为"苹果绿.jpg"图片；在Photoshop中根据个人喜好加上背景。

5.5 小结与课后练习

　　今天补充了滑盖手机的设计内容，在手机设计篇幅罗列了多种常规手机外形材质及工艺，对手机的详细流程及注意事项都有讲解，手机设计轻松搞定！

　　为了自测一下今天的学习成果，可以在课后将今天绘制的苹果绿色换成其他颜色，也可以将我们刚才制作的银色机进行排版。

第 **6** 天 技高一筹

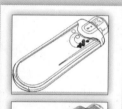

今天是学习的第6天了，前面一直学习的是产品的二维表现方法，那么如何用CorelDRAW进行三维产品的表现呢？

在现代的图形图像处理中，二维效果不能充分表达出设计师的设计意图，三维效果如何在CorelDRAW里呈现呢？

还是让我们赶紧今天的行程吧。

学习目的：打造三维立体产品
知 识 点：贝塞尔工具、高斯模糊、交互式调和
学习时间：一天

打造三维立体产品

🔍 6.1 如何进行三维立体图的创建

　　说到制作三维效果，我们首先想到的就是3Ds Max等强大的3D图形制作软件，其实我们利用CorelDRAW一样可以实现三维效果！

　　三维立体图的材质表现与二维材质表现的原理是一样的。但即使用各种方法使平面产品立体化，它们两者之间最大的区别在于线框的描绘：二维线框描绘更简单，大多数设计方案提稿都采用二维方式；三维方式的优势是比二维更直观与立体，但是创建会比较复杂，如进行线框描绘时必须注意透视的基本原理：近大远小、近高远低、近实远虚等。

绘制立体外形

　　立体外形的创立有三种方法：一、采用自带的"立体化"工具；二、用工具箱"三点"造型工具，创建带角度的图形；三、"贝塞尔"工具描绘。

　　上述三种方式既能独立运用，也可以结合使用。"贝塞尔"工具的运用，在前面章节已经有描述，此节不再重复，下面主要讲解前面两种方法：

立体化工具的运用

　　工具箱内的"立体化 🔲"工具可以使规则图形与不规则图形立体化，运用得体可以事半功倍。

● 建立矩形（50*30），单击工具箱"立体化"工具。此法对于包装盒的建立倒是省事不少。	● 建立椭圆（30*12），单击工具箱"立体化"工具自行尝试其他外形进行立体化。

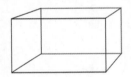 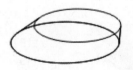

"三点"造型工具的运用

　　使用工具箱的"三点矩形、三点椭圆"工具，直接拉伸带角度的图形。结合"形状"工具使用，立体线框描绘更快捷。

● 单击工具箱"三点矩形"工具，建立如下图所示外形。	● 单击工具箱"三点椭圆形"工具，建立如下图所示外形。

自我检测

　　前面学习了不少二维产品外观造型的工具，今天初步接触了三维造型工具，通过刚才讲解，大家体验了简单三维产品描绘过程。下面我们一起动动手，体验一下如何更好地运用所学去打造三维立体产品！

　　接下来展示的这个案例，你可以先预览一下，并考察一下自己，是不是可以很快地描绘出来。

6.2 实战演练—MP3制作

MP3是继手机之后使用最为广泛的个人随身电子产品，其小巧、精致、时尚的外形吸引越来越多人的关注，选用大家耳熟能详的产品作为案例，学习起来更有亲和力。同时MP3造型并不复杂，今天是我们初步接触三维立体造型，过于复杂的造型不好掌握，我们还是一步一个脚印，先从简单产品入手吧！

6.2.1 线框绘制

- 使用到的技术　　三点矩形工具、贝塞尔工具、椭圆
- 学习时间　　　　10分钟
- 视频地址　　　　光盘\第6天\1.swf
- 源文件地址　　　光盘\第6天\MP3.cdr
- 素材地址　　　　光盘\第6天\ MP3\字符.cdr

01 运行CorelDRAW程序，新建文件，如上图所示进行设置，按【Ctrl+Shift+ S】组合键，将文件保存为"MP3"。

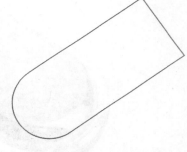

02 单击工具箱 "三点矩形工具"，建立矩形"A-1"，倒角改为

03 转换为曲线，调整节点使其外形（如上图所示）。

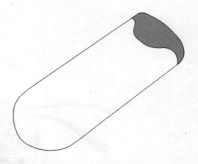

04 采用"贝塞尔"工具描绘外形（如上图所示），与"A-1"进行相交，相交图形命名为"B-1"。

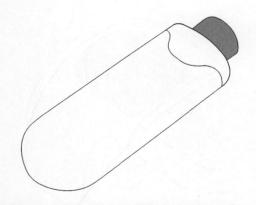 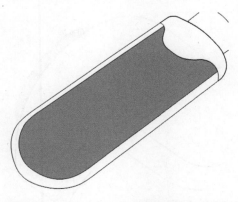

05 采用"贝塞尔"工具描绘上图所示外形"C-1"。

06 选择"A-1"复制一个，命名为"A-2"，调整节点；用"B-1"修剪"A-2"。

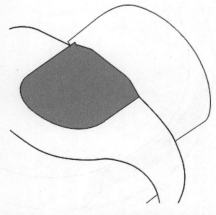 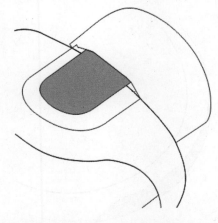

07 采用"贝塞尔"工具描绘如图所示外形"B-2"。

08 选择"B-2"复制一个，命名为"B-3"，调整节点（如上图所示）。

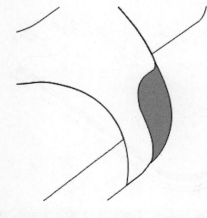 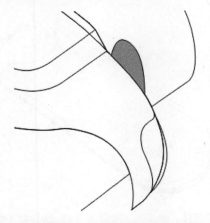

09 采用"贝塞尔"工具描绘如图所示外形"B-4"。

10 采用"贝塞尔"工具描绘如图所示外形"C-2"。

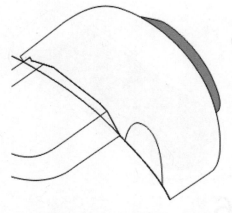

11 采用"贝塞尔"工具描绘上图所示外形"D-1"。

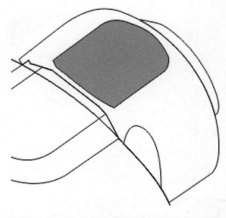

12 采用"贝塞尔"工具描绘上图所示外形"C-3"。

13 采用"贝塞尔"工具描绘上图所示外形"E-1"。

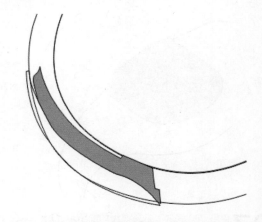

14 采用"贝塞尔"工具描绘上图所示外形"E-2"。

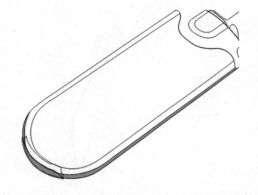

15 选择"A-1",按键盘【+】键复制两个,将其中一个右移1、上移2后两者进行修剪,修剪图形命名为"A-3",双击调整节点(如上图所示)。

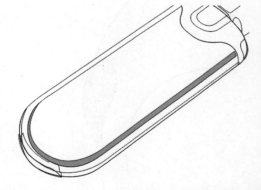

16 选择"A-2",按键盘【+】键复制两个,将其中一个右移1、上移2.5后两者进行修剪,修剪图形命名为"A-4",双击调整节点(如上图所示)。

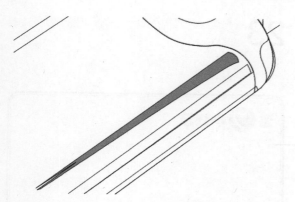

17 采用"贝塞尔"工具描绘上图所示外形"A-5"。

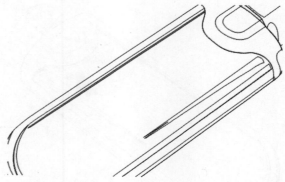

18 采用"贝塞尔"工具描绘上图所示外形"A-6"。

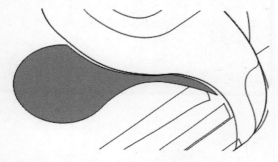

19 采用"贝塞尔"工具描绘上图所示外形"A-7"。

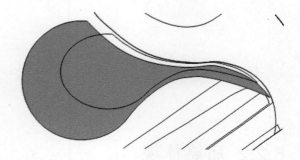

20 选择"A-7",复制一个,命名为"A-8",如上图所示调整节点。

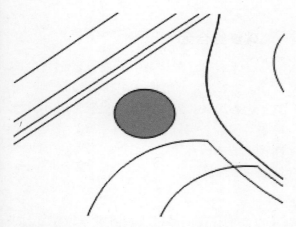

21 如上图所示建立圆形"Y1"。

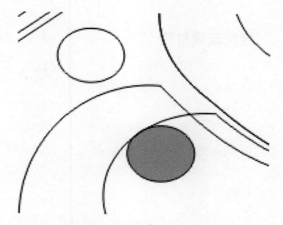

22 如上图所示建立圆形"Y2"。

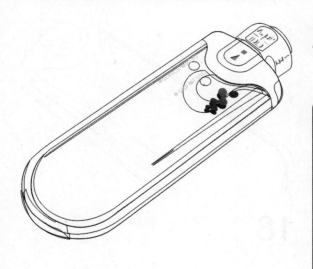

23 从光盘导入"字符.cdr"文件，整个线框绘制完成。

温 ♥ 小提示

　　1、本章节产品的线框绘制，主要运用的是描绘技巧，"贝塞尔"工具和"钢笔"工具的使用方法一样，采用哪一种都可以。

　　2、进行绘制过程中，有很多讨巧的方式，大家可以灵活运用。比如先采用"贝塞尔"工具描绘轮廓，然后用其他外形修剪。大家可以仔细观看视频，看作者是如何处理的。

　　3、如果觉得独立完成描绘比较困难，可以借鉴光盘文件"MP3.cdr"内的线框图。

6.2.2　质感体现

　　MP3的外壳材质和手机一样，主要分金属和非金属材质。很多材质我们在前面已经有所介绍，下面我们来了解一下还没有介绍到的其他材质。

金刚玻璃材质

　　纳米工艺的金刚玻璃材料，就像镜面一样晶莹剔透，极具金属质感、典雅大方，手感非常舒适。产品表面质地坚硬，抗磨损性能优异，不会掉漆，不易有刮痕。现在很多具有镜面效果的MP3产品都是采用这种材质，而且事实证明纳米材质玻璃比一般的MP3表面材质要结实得多。

碳纤维合金

　　碳纤维的合金材料，强度是镁铝合金的1.2倍，耐腐蚀、耐压，手感舒适细腻、耐磨，色彩历久弥新。碳纤合金使MP3重量变得非常得轻。碳纤合金的清洁性也较好，油性较重的如圆珠笔、油性水笔等留下的污迹都能轻松抹掉。

　　很多MP3产品都是采用了两种以上的材质，所以我们评价产品材质时需要综合考虑，注意主要材质，各种材质手感搭配是否和谐等。

蓝色机材质体现

进行材质体现，需要留意小细节的处理，尤其是两个小按键的表现。

- ○ 使用到的技术　渐变填充、交互式调和、透明渐变填充
- ○ 学习时间　30分钟
- ○ 视频地址　光盘\第6天\2.swf
- ○ 源文件地址　光盘\第6天\MP3.cdr

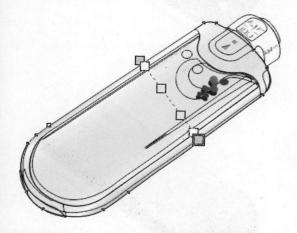

01 选择"A-1"，进行线性渐变填充：R215、G215、B222→白色→R240、G240、B245→R240、G240、B245→白色→R215、G215、B222。

02 选择"A-3"，进行线性渐变填充：R150、G151、B155→R207、G206、B211，线框无色填充。

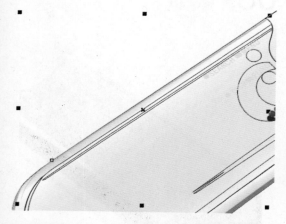

03 选择"A-1"复制两个，将其中一个轻移一点，两者进行修剪，修剪图形如上图所示，填充：R210、G210、B210，线框无色填充。

04 选择"A-2"进行线性渐变填充：R23、G24、B130→R86、G64、B255→R162、G139、B247。

05 选择"A-2",按键盘【+】键复制一个,修改渐变填充方向(如上图所示)。

06 进行线性透明渐变填充:白色→黑色,按键盘【]】键置入"A-2"内。

07 选择"A-4",进行线性渐变填充:R71、G77、B89→R103、G108、B149→R149、G154、B196,线框无色填充。

08 选择"A-4"复制一个,并如上图所示调整节点;填充黑色。

09 选择"A-5",填充白色,线框无色填充。

10 选择"A-6",填充:R68、G63、B121,线框无色填充。

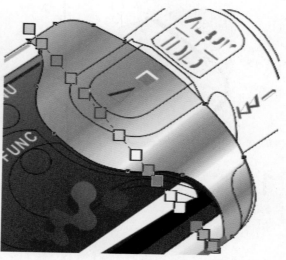

11 选择"A-6"并复制一个，如上图所示调整节点，进行线性渐变填充：R119、G111、B160→R173、G175、B193。

12 选择"B-1"，进行线性渐变填充：R227、G227、B227→R207、G207、B209→R176、G176、B176→R199、G199、B199→R183、G183、B185→R174、G175、B177→R228、G231、B237→白色→R187、G188、B193→R168、G170、B176→白色→白色→R168、G176、B177→R207、G208、B210→R200、G201、B205，线框无色填充。

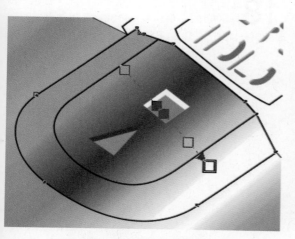

13 选择"B-2"，进行线性渐变填充：R189、G187、B188→R85、G87、B90→R93、G95、B98→R214、G215、B216→R255、G255、B255。

14 选择"B-3"，进行线性渐变填充：R143、G143、B139→R137、G137、B139→R177、G176、B181，线框无色填充。

15 选择"B-2",按键盘【+】键复制一个并命名为"B-2a",通过调整节点等方式修改外形（如上图所示），填充黑色。

16 选择"B-2a",按键盘【+】键复制一个并命名为"B-2b",填充白色,线框无色填充,放置于"B-2a"后面,调整好位置。

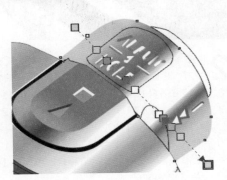

17 选择"C-1",进行线性渐变填充:R219、G220、B219→R217、G218、B218→R163、G167、B170→R116、G121、B125→白色→白色→R160、G163、B176→R109、G113、B122→R189、G190、B197→R220、G224、B225→R220、G224、B225,线框无色填充。

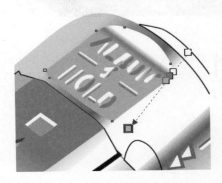

18 选择"C-3",进行线性渐变填充:白色→白色→R137、G144、B138→R187、G187、B188→R187、G187、B188,线框无色填充。

19 选择"C-2",进行线性渐变填充:R62、G71、B82→R67、G76、B86→R125、G136、B147→R80、G89、B96→R156、G167、B171,线框无色填充。

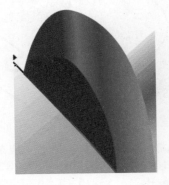

20 如上图所示建立外形"C-2a",填充:R62、G63、B72,线框无色填充。

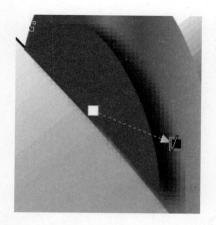

21 单击工具箱"阴影"工具,对"C-2a"拉阴影。

22 单击工具箱"贝塞尔"工具,描绘上图所示外形,填充白色,线框无色填充。

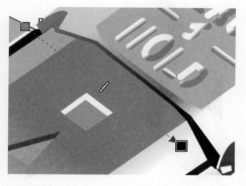

23 单击工具箱"贝塞尔"工具,描绘上图所示外形,填充:R145、G148、B153→黑色,线框无色填充。

24 单击工具箱"贝塞尔"工具,描绘上图所示外形,填充:R145、G148、B153,线框无色填充。

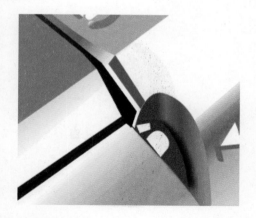

25 单击工具箱"贝塞尔"工具,描绘上图所示外形,填充:R83、G104、B96,线框无色填充。

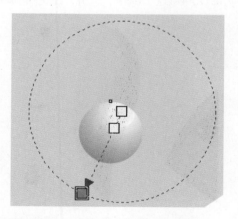

26 建立圆,进行射线渐变填充:R136、G139、B151→白色→白色,线框无色填充。

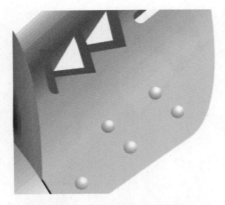

27 将其复制4个，如上图所示摆放好位置。

28 选择"D-1"，填充：R209、G209、B209，线框无色填充。

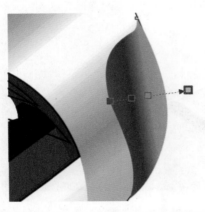

29 选择"B-4"，进行线性渐变填充：R97、G99、B99→R67、G72、B77→R170、G174、B173→R206、G208、B207，线框无色填充。

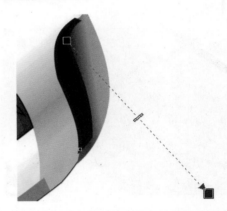

30 单击工具箱"贝塞尔"工具，描绘上图所示外形，进行线性渐变填充：黑色→R44、G52、B61。

31 单击工具箱"贝塞尔"工具，描绘上图所示外形，进行线性渐变填充：R67、G72、B77→R131、G137、B134，线框无色填充。

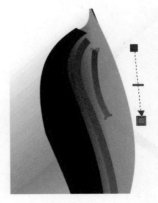

32 单击工具箱"贝塞尔"工具，描绘上图所示外形，按【Ctrl+Shift+A】组合键，指向前面所建外形。

33 单击工具箱"贝塞尔"工具，描绘上图所示外形，填充白色，线框无色填充。

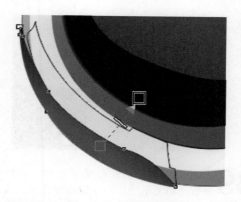

34 选择"E-1"，进行线性渐变填充：R105、G105、B100→黑色，线框无色填充。

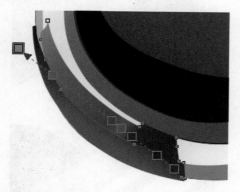

35 选择"E-2"，进行线性渐变填充：R51、G50、B58→R31、G40、B41→R59、G59、B61→R105、G111、B109→R85、G89、B91→R120、G123、B124→R162、G163、B176，线框无色填充。

36 单击工具箱"贝塞尔"工具，描绘上图所示外形，填充白色，线框无色填充；进行线性透明渐变填充：黑色→白色→白色→黑色。

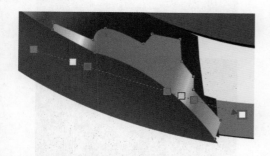

37 单击工具箱"贝塞尔"工具，描绘上图所示外形，进行线性渐变填充：R166、G165、B161→白色→R135、G133、B134→R149、G147、B148→R228、G228、B228→R145、G143、B144→白色，线框无色填充。

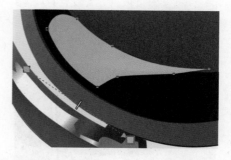

38 单击工具箱"贝塞尔"工具，描绘上图所示外形，进行线性渐变填充：R215、G186、B245→R217、G200、B224，线框无色填充。

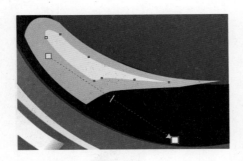

39 将步骤38制作的外形复制一个，适当调整外形（如上图所示），进行线性渐变填充：R251、G237、B248→白色。

40 将步骤38、39制作的效果进行调和。

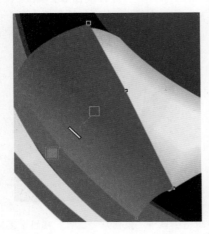

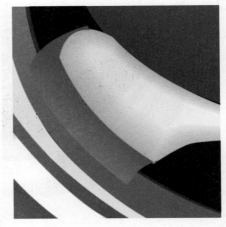

41 单击工具箱"贝塞尔"工具，描绘上图所示外形，进行线性渐变填充：R91、G87、B107→R152、G142、B171，线框无色填充。

42 单击鼠标右键，选择【置于此对象后】，指向步骤40制作的效果。

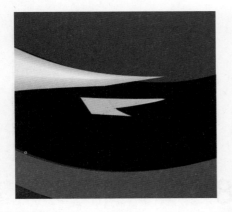

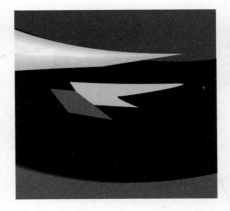

43 单击工具箱"贝塞尔"工具，描绘上图所示外形，填充：R234、G214、B246，线框无色填充。

44 单击工具箱"贝塞尔"工具，描绘上图所示外形，填充：R100、G97、B120，线框无色填充。

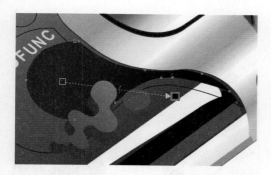

45 选择"A-7"，进行线性渐变填充：R21、G17、B107→黑色，线框无色填充。

46 选择"A-8"，进行线性渐变填充：R51、G40、B179→R68、G62、B220，线框无色填充；将其置于"A-7"后面。

47 对"A-7"与"A-8"进行调和，步长值改为200。

48 将调和效果转为位图，进行高斯模糊，模糊值设置为20。按键盘【[】键置入到"A-2"内。

49 选择"Y1"，进行射线渐变填充：R194、G196、B202→R125、G126、B131→R85、G85、B90→R41、G41、B43，线框无色填充。

50 单击工具箱"贝塞尔"工具，描绘上图所示外形，填充：R85、G90、B97，线框无色填充。

51 单击工具箱"贝塞尔"工具，描绘上图所示外形，填充：R178、G178、B178，线框无色填充。

52 单击工具箱"贝塞尔"工具，描绘上图所示外形，填充白色，线框无色填充。

53 单击工具箱"贝塞尔"工具，描绘上图所示外形，填充：R156、G132、B209，线框无色填充。

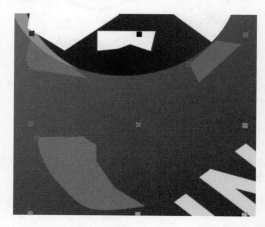

54 单击工具箱"贝塞尔"工具，描绘上图所示外形，填充：R160、G127、B231，线框无色填充。

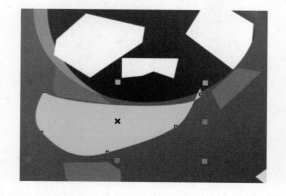

55 单击工具箱"贝塞尔"工具，描绘上图所示外形，填充：R227、G218、B247，线框无色填充。

56 单击工具箱"贝塞尔"工具，描绘上图所示外形，进行线性渐变填充：R7、G8、B26→R32、G34、B74→R65、G60、B124，线框无色填充。

57 选择"Y2"，按【Ctrl+Shift+A】组合键，指向"Y1"，线框无色填充。

58 将步骤50~52制作的效果复制到"Y2"上。

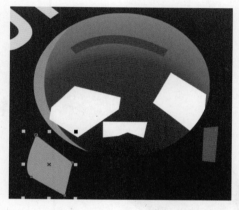

59 建立矩形，依上图所示调整外形，填充：R118、G96、B221，线框无色填充。

60 单击工具箱"贝塞尔"工具，描绘上图所示外形，填充：R204、G177、B248，线框无色填充。

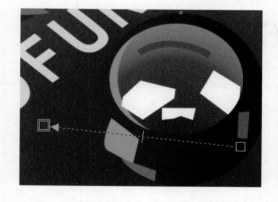

61 单击工具箱"贝塞尔"工具，描绘上图所示外形，填充：R133、G132、B148，线框无色填充。

62 依上图所示建立圆形，进行线性渐变填充：R8、G16、B18→R50、G42、B94，线框无色填充，将其置于"B-2"前面。

63 单击工具箱"贝塞尔"工具，描绘上图所示外形，进行线性渐变填充：黑色→40%黑色，线框无色填充。

64 单击工具箱"贝塞尔"工具，描绘上图所示外形，填充白色，线框无色填充。进行线性透明渐变填充：黑色→白色→黑色→白色→黑色→白色→黑色→40%黑色→黑色→40%黑色→白色→黑色。

65 最后效果制作完成，并将其复制一份。

66 为得到比较圆润的效果，我们可以依照前面所学，将局部想柔和的部分转为位图进行高斯模糊，大家可以依照自己喜欢尝试不同的模糊值。

温 ♥ 小提示

　　进行高斯模糊之前，最好将前面的效果复制一个在旁边，以免影响后面的文件修改。在进行设计过程中，如果大家害怕后面的操作会造成很大的影响，也可以将其先复制一份，在进行备份后，再进行下一步操作。比如在转为位图之前，我们先复制一份矢量文件在一边，即使后续因为文件大小的原因，将所有矢量转换为一张位图了，也不影响我们对矢量效果进行适当修改。

6.3 红色机材质体现

- 使用到的技术　色度、复制
- 学习时间　　　10分钟
- 视频地址　　　光盘\第6天\3.swf
- 源文件地址　　光盘\第6天\MP3.cdr

01 将步骤65制作的效果复制一个在旁边。

02 选择"A-2"，双击状态栏的渐变色块，选择第一个色块，左边色块不动，右边色条往上移动至红色色带处。

03 依次将其他色块调整为红色色调。

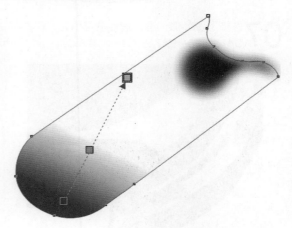

04 按键盘【[】键编辑内容，选择上图外形，渐变填充：R130、G23、70→R255、G64、B147→R247、G139、B188。

05 选择位图，单击菜单"效果→调整→色度/饱和度/亮度"，将色度调整为88，结束编辑。

06 选择"A-4"，进行线性渐变填充：R89、G71、B80→R149、G103、B125→R196、G149、B170。

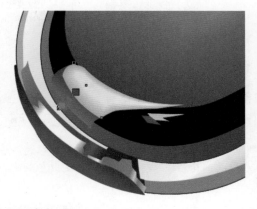
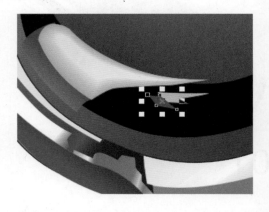

07 选择上图外形，进行线性渐变填充：R107、G87、B95→R171、G142、B153。

08 选择上图外形，填充：R120、G97、B106。

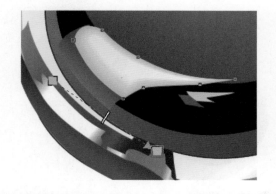

09 选择上图外形，进行线性渐变填充：R245、G186、B210→R224、G200、B211。

10 选择上图外形，进行线性渐变填充：R251、G237、B243→白色。

11 选择上图外形，填充：R121、G63、B89。

12 选择上图外形，进行线性渐变填充：R160、G111、B129→R193、G173、B181。

13 选择上图外形，填充：R247、G219、B230。

14 选择上图外形，填充：R231、G128、B172。

15 选择上图外形，填充：R209、G133、B167。

16 选择上图外形，填充：R231、G128、B172。

17 选择上图外形，渐变填充：R26、G7、B15→R74、G32、B48→R124、G60、B86。

18 选择上图外形，填充：R248、G177、B208。

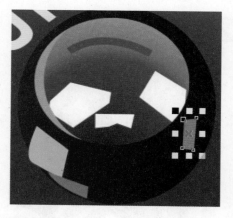

19 选择上图外形，填充：R221、G96、B150。

20 选择上图外形，填充：R148、G132、B139。

21 选择上图外形，渐变填充：R18、G8、B12→R94、G42、B65。

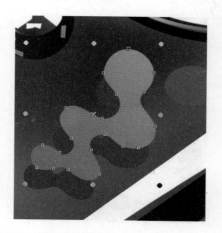

22 选择上图外形，渐变填充：R212、G31、B118→R240、G199、B217。

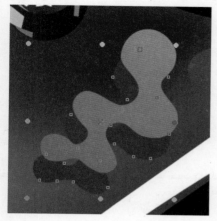

23 选择上图外形，填充：R112、G39、B72。

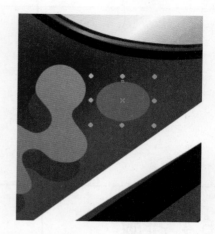

24 选择上图外形，填充：R195、G67、B129。

25 将字符进行填充：R255、G235、B244。

26 按【Ctrl+R】键，将其他字符填充一样的颜色。

27 整个红色机型效果制作完成。

☆ 自我评价 ☆

　　了解了产品体现的方法后发现三维产品的表现并不可怕，在线框绘制中，只需注意产品透视关系，什么产品都能表现，即使是很复杂的产品！

　　通过前面的学习，转换不同颜色的材质，已经易如反掌，还有什么不能搞定的呢？

　　大家可以自己尝试进行其他产品的表现，如鼠标、音响等，在绘制之前，选一张自己满意的产品图片作为参考，对照产品图进行线框绘制与材质体现，注意观察图片的细节处理，如面与面之间是如何进行过渡的？受环境的影响，反光是什么样的色调呢？多加揣摩、练习，自然能独挡一面，自行进行全新产品设计了！

6.4 排版

　　建立一个比产品大的矩形图形，对其线框进行无色填充；框选整个蓝色机及矩形，单击标准栏的"导出"图标，将文件导出为"MP3.jpg"图片；在Photoshop中可以根据个人喜好加上背景。

6.5 小结与课后练习

　　我们通过学习如何运用CorelDRAW来制作简单的MP3造型，体验了三维立体产品的塑造过程！通过前面六天的学习与积累，大家一定有了不少体会，无论是简单产品还是复杂产品，无论是二维产品还是三维产品，要想将产品表现生动——细节决定成败！大型的处理过程比较简单和快速，后续大量时间是在进行细节处理，如上图的高光、反光、阴影；明暗交接线；面与面之间的过渡色、文字、logo等等！

　　为了自测一下今天的学习成果，可以在课后将今天绘制的MP3换成其他颜色！

第 **7** 天 真实质感再现

　　今天是我们学习的第7天，也是最后一天了，通过前面6天的积累，我们已经由"初级用户"晋升为"高级群主"了。最后一天，我们终于要接触到高难度的产品制作了！

　　今天学习完成，我们对CorelDRAW的理解又会进入到一个更高的层次，还在等什么呢？让我们开始今天的学习吧！

学习目的　塑造复杂的外形，打造真实质感
知 识 点　交互式调和、贝塞尔、高斯模糊
学习时间　一天

专业数码相机制作

🔍 7.1 如何进行复杂的产品设计

当我们看到复杂的产品外形时，是否会觉得无从下手？我们怎样将复杂产品简单化呢？我们可以概括为由简入繁、由大到小、由整体到局部。我们以下图汽车轮胎为例简单描述一下。

01 轮胎大型进行绘制。

02 轮毂进行绘制。

03 钢圈加上细节。

04 加上所有小装饰、包括轮胎纹路。

自我检测

　　了解了如何将复杂产品设计变得简单化，经过由简入繁、先大体再局部的过程，下面这个复杂的相机该如何着手制作呢？

🔍 7.2 实战演练——专业数码相机制作

数码相机，是一种利用电子传感器把光学影像转换成电子数据的照相机。按用途分为：单反相机、卡片相机、长焦相机和家用相机等。

7.2.1 线框绘制

镜头线框绘制

镜头线框绘制过程，我们也是遵循"先大体再局部"的过程。

使用到的技术	椭圆工具、旋转复制、相交
学习时间	20分钟
视频地址	光盘\第7天\1.swf
源文件地址	光盘\第7天\专业数码相机.cdr

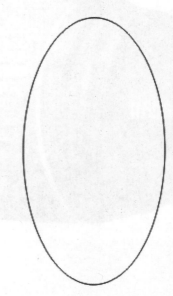

名称(N):	未命名 -1
预设目标(D):	自定义
大小(S):	A4
宽度(W):	297.0 mm 毫米
高度(H):	210.0 mm
原色模式(C):	RGB
渲染分辨率(R):	300 dpi
预览模式(P):	增强

01 运行CorelDRAW程序，新建文件，按【Ctrl+Shift+S】组合键，将文件保存为"专业数码相机"。

02 建立圆"Y1"，值为23.2*45.2。

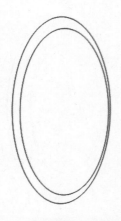

03 选择"Y1"，按键盘【+】键，复制一个并命名为"Y2"，尺寸改为25.7*50.7，上移0.4，左移0.8。

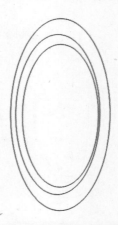

04 选择"Y2"，按键盘【+】键复制一个并命名为"Y3"，尺寸改为30.4*60.8，右移0.8。

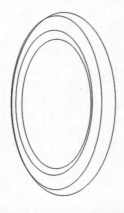

05 选择"Y3"，按键盘【+】键复制一个并命名为"Y4"，尺寸改为34.8*64，右移2.4，下移0.4。

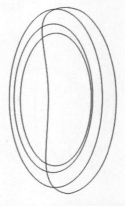

06 选择"Y4"，单击鼠标右键，在弹出的快捷菜单中选择【转换为曲线】，双击"Y4"，如上图所示调整节点。

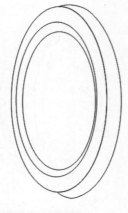

07 选择"Y3"，修剪"Y4"。

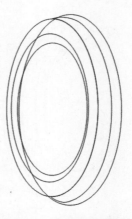

08 选择"Y3"，按键盘【+】键复制一个并命名为"Y5"，尺寸改为34.2*65.3，右移6，下移0.7。

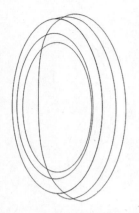

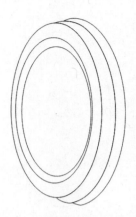

09 选择"Y5",单击鼠标右键,在弹出的快捷菜单中选择【转换为曲线】,双击"Y5",如上图所示调整节点。

10 选择"Y4",修剪"Y5",单击属性栏"打散"后删掉多余图形。

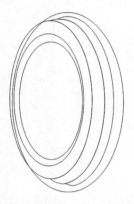

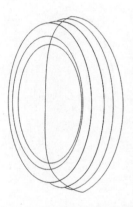

11 选择"Y3",按键盘【+】键复制一个并命名为"Y6",尺寸改为41*69,右移6.2,下移1。

12 选择"Y6",单击鼠标右键,在弹出的快捷菜单中选择【转换为曲线】,双击"Y6",如上图所示调整节点。

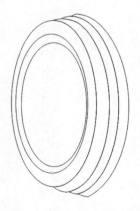

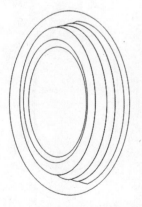

13 选择"Y4",修剪"Y5",单击属性栏"打散"后删掉多余图形。

14 选择"Y3",按键盘【+】键复制一个并命名为"Y7",尺寸改为48.2*76,右移4.8,下移0.8。

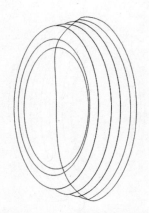

15 选择"Y7"，单击鼠标右键，在弹出的快捷菜单中选择【转换为曲线】，双击"Y7"，如上图所示调整节点。

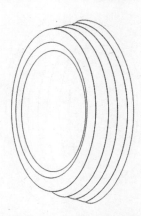

16 选择"Y6"，修剪"Y7"，单击属性栏"打散"后删掉多余图形。

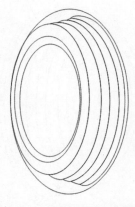

17 选择"Y3"，按键盘【+】键复制一个并命名为"Y8"，尺寸改为45.4*74.4，与"Y3"进行【L】对齐后下移0.8。

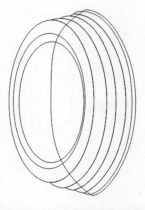

18 选择"Y8"，单击鼠标右键，在弹出的快捷菜单中选择【转换为曲线】，双击"Y8"，如上图所示调整节点。

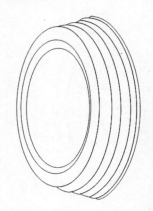

19 选择"Y7"，修剪"Y8"，单击属性栏"打散"后删掉多余图形。

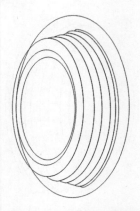

20 选择"Y3"，按键盘【+】键复制一个并命名为"Y9"，尺寸改为48.4*80，上移0.4，右移10.6。

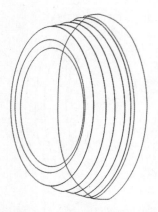

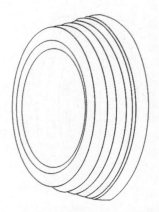

21 选择 "Y9"，单击鼠标右键，在弹出的快捷菜单中选择【转换为曲线】，双击 "Y9"，如上图所示调整节点。

22 选择 "Y8"，修剪 "Y9"，单击属性栏 "打散" 后删掉多余图形。

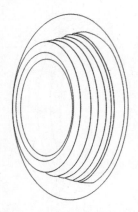

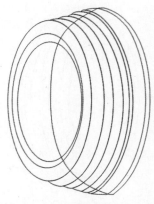

23 选择 "Y3"，按键盘【+】键复制一个并命名为 "Y10"，尺寸改为51.6*86.4，与 "Y3" 进行【L】对齐。

24 选择 "Y10"，单击鼠标右键，在弹出的快捷菜单中选择【转换为曲线】，双击 "Y10"，如上图所示调整节点。

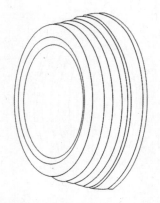

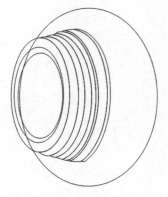

25 选择 "Y9"，修剪 "Y10"，单击属性栏 "打散" 后删掉多余图形。

26 选择 "Y3"，按键盘【+】键复制一个并命名为 "Y11"，尺寸改为71.5*95，下移1，右移25。

27 选择"Y11",单击鼠标右键,在弹出的快捷菜单中选择【转换为曲线】,双击"Y11",如上图所示调整节点。

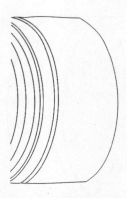

28 选择"Y10",修剪"Y11",单击属性栏"打散"后删掉多余图形。

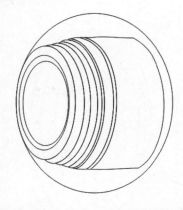

29 选择"Y3",按键盘【+】键复制一个并命名为"Y12",尺寸改为80.4*96,与"Y3"进行【L】对齐。

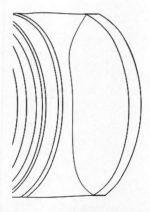

30 选择"Y12",单击鼠标右键,在弹出的快捷菜单中选择【转换为曲线】,双击"Y12",如上图所示调整节点。

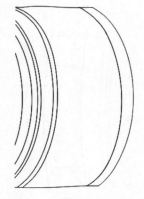

31 选择"Y11",修剪"Y12",单击属性栏"打散"后删掉多余图形。

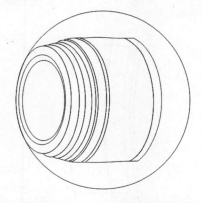

32 选择"Y3",按键盘【+】键复制一个并命名为"Y13",尺寸改为96*101,与"Y3"进行【L】对齐。

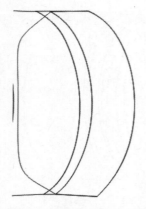

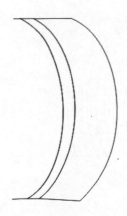

33 选择"Y13"，单击鼠标右键，在弹出的快捷菜单中选择【转换为曲线】，双击"Y13"，如上图所示调整节点。

34 选择"Y12"，修剪"Y13"，单击属性栏"打散"后删掉多余图形。

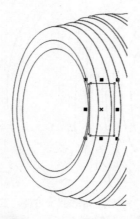

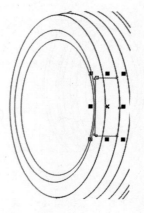

35 建立矩形"A1"，值为8.8*19.6，倒角，与"Y1"进行【C】、【E】对齐后上移0.2，右移16.4。

36 选择"Y5"，修剪"A1"。

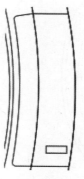

37 双击"A1"，如上图所示调整节点。

38 建立矩形"A1-1"，值为2.6*0.9，与"A1"进行【R】、【B】对齐后上移1.7，左移1。

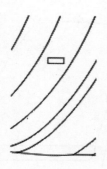

39 选择"A1-1"，按键盘【+】键，复制一个并命名为"Y6-1"，尺寸改为1.7*0.6，下移17.2，右移1.8。

40 建立矩形16*26.5，与"Y5"进行【C】、【E】对齐后上移9，右移9，两者进行相交，相交图形命名为"A2"。

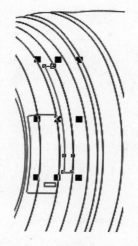

41 双击"A2"，左边线段右移1.2。

42 建立圆"Y11-1"，值为15.8*1.2，与"Y11"进行【C】、【B】对齐后上移2.8，左移1.7。

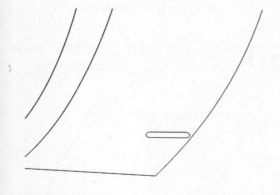

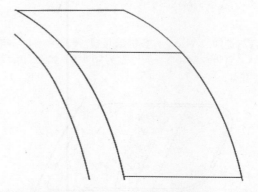

43 建立矩形"Y13-1"，值为4.6*0.6，倒角0.3；与"Y13"进行【C】、【B】对齐后上移4.1，右移3.4。

44 建立矩形27*17，与"Y13"进行【C】、【T】对齐后下移5.7，右移2，两者进行相交，相交图形命名为"A3"。

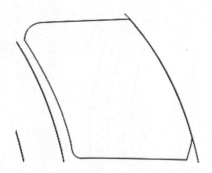

45 双击"A3"，如上图所示调整节点。

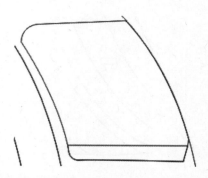

46 建立矩形18*1.7，与"A3"进行【R】、【B】对齐，两者进行相交，相交图形命名为"A3-a"。

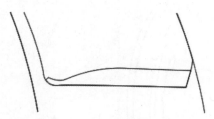

47 双击"A3"，如上图所示调整节点。

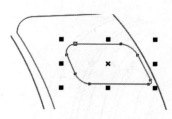

48 建立矩形"A4-a"，值为9.3*5.3，倒角为 ，倾斜一定角度，依上图所示调整节点；与"A3"进行【C】、【E】对齐，上移1.7，右移2。

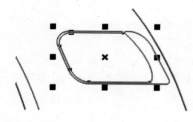

49 选择"A4-a"，按键盘【+】键复制一个，命名为"A4-b"，尺寸改为10.4*5，如上图所示调整节点。

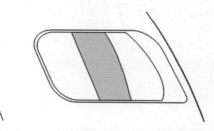

50 选择"A4-b"，按键盘【+】键复制一个，并命名为"A4-c"，如上图所示调整节点。

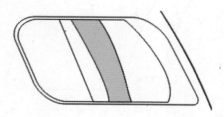

51 选择"A4-c"，按键盘【+】键复制一个，命名为"A4-d"，如上图所示调整节点。

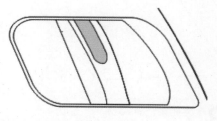

52 如上图所示建立图形"A4-e"。

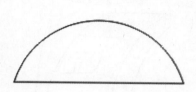

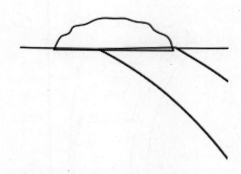

53 单击工具箱"椭圆"工具，建立圆"Y12-1"，值为7.8*6，单击工具箱矩形工具，建立矩形11.5*7，与"Y12-1"进行【C】、【T】对齐后下移2，两者进行修剪。

54 如上图所示调整"Y12-1"的节点；与"Y12"进行【L】、【T】对齐后上移1.8，左移2.8。

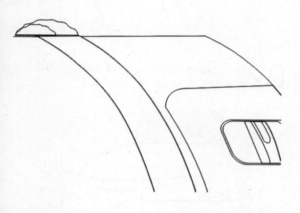

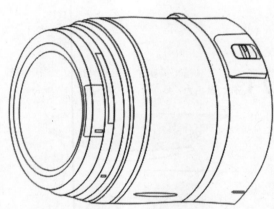

55 选择"Y12-1"，复制一个并命名为"Y12-2"，尺寸改为4.6*1.3，与"Y12-1"进行【L】对齐，下移0.3。

56 镜头线框制作完成。

机身线框绘制

机身绘制主要依靠的是形体的控制能力，我们可以在练习中，先找一张图片做参考，根据图片来描绘线框。

○ 使用到的技术	贝塞尔工具、椭圆、矩形、手绘工具	
○ 学习时间	30分钟	
○ 视频地址	光盘\第7天\2.swf	
○ 源文件地址	光盘\第7天\专业数码相机.cdr	
○ 素材地址	光盘\第7天\专业数码相机\字符.cdr	

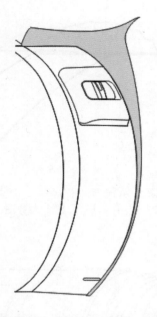

01 单击工具箱"贝塞尔"工具，描绘上图所示外形，命名为"B-1"。

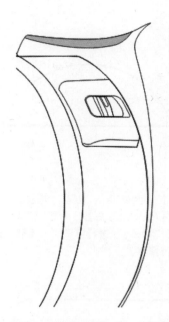

02 单击工具箱"贝塞尔"工具，描绘上图所示外形，命名为"B-2"。

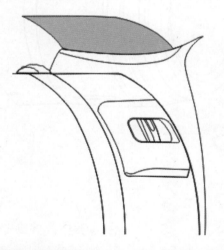

03 单击工具箱"贝塞尔"工具，描绘上图所示外形，命名为"B-3"。

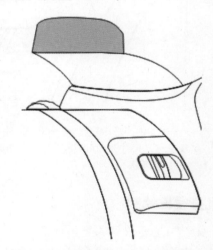

04 单击工具箱"贝塞尔"工具，描绘上图所示外形，命名为"B-4"。

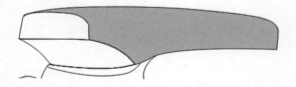

05 单击工具箱"贝塞尔"工具，描绘上图所示外形，命名为"B-5"。

06 单击工具箱"贝塞尔"工具，描绘上图所示外形，命名为"B-6"。

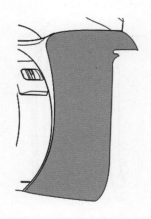

07 单击工具箱"贝塞尔"工具，描绘上图所示外形，命名为"C-1"。

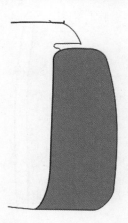

08 单击工具箱"贝塞尔"工具，描绘上图所示外形，命名为"C-2"。

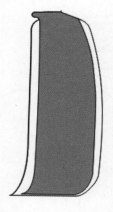

09 单击工具箱"贝塞尔"工具，描绘上图所示外形，命名为"C-3"。

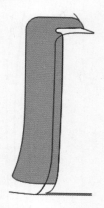

10 单击工具箱"贝塞尔"工具，描绘上图所示外形，命名为"C-4"。

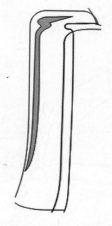

11 单击工具箱"贝塞尔"工具，描绘上图所示外形，命名为"C-5"。

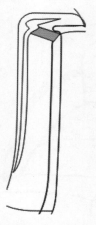

12 单击工具箱"贝塞尔"工具，描绘上图所示外形，命名为"C-6"。

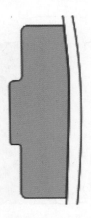

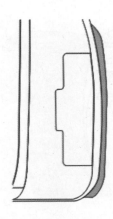

13 单击工具箱"贝塞尔"工具，描绘上图所示外形，命名为"C-7"。

14 单击工具箱"贝塞尔"工具，描绘上图所示外形，命名为"C-8"。

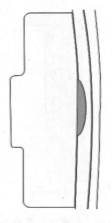

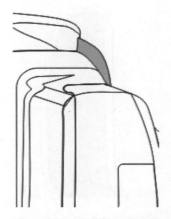

15 建立圆"C-9"，值为5.2*12.6，与"C-7"进行【E】、【R】对齐后右移1.7，"C-7"修剪"C-9"。

16 单击工具箱"贝塞尔"工具，描绘上图所示外形，命名为"D-1"。

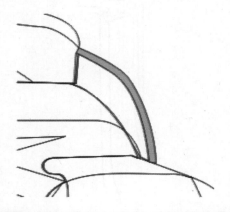

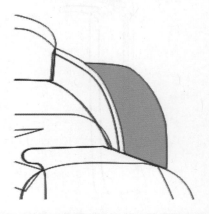

17 单击工具箱"贝塞尔"工具，描绘上图所示外形，命名为"D-2"。

18 单击工具箱"贝塞尔"工具，描绘上图所示外形，命名为"D-3"。

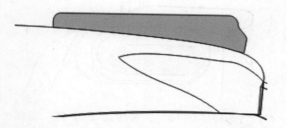

19 单击工具箱"贝塞尔"工具，描绘上图所示外形，命名为"D-4"。

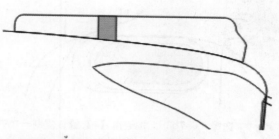

20 建立矩形"D-5"，值为2*4，与"D-4"进行【T】、【C】对齐后左移2.6，两者进行相交。

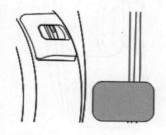

21 建立矩形"D-6a"，值为21*14，倒角48，与"C-1"进行【C】、【E】对齐后下移4.3，右移0.2。

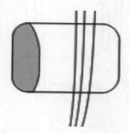

22 单击工具箱"贝塞尔"工具，描绘上图所示外形，命名为"D-6b"。

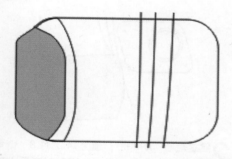

23 单击工具箱"贝塞尔"工具，描绘上图所示外形，命名为"D-6c"。

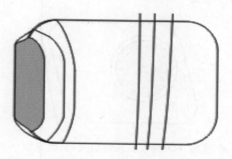

24 单击工具箱"贝塞尔"工具，描绘上图所示外形，命名为"D-6d"。

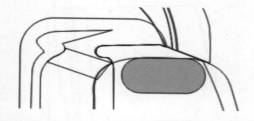

25 建立矩形"D-7a"，值为14.3*6.1，倒角3.05，与"C-2"进行【C】、【T】对齐后右移1.1，下移0.1。

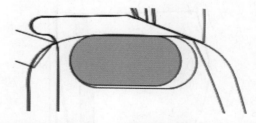

26 选择"D-7a"，按键盘【+】键，复制一个并命名为"D-7b"，值改为12.5*5.8，与"D-7a"进行【L】、【T】对齐。

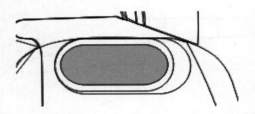

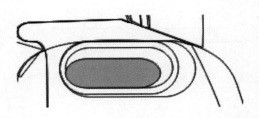

27 选择"D-7b"，按键盘【+】键，复制一个并命名为"D-7c"，值改为11.3*4.4。

28 选择"D-7c"，按键盘【+】键，复制一个并命名为"D-7d"，值改为10*3.2，与"D-7c"进行【L】、【B】对齐。

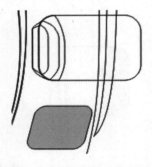

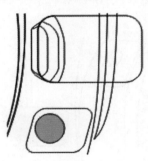

29 建立矩形"D-8"，值为11.8*9.2，倒角2.0，右倾一定角度，与"D-6a"进行【L】、【B】对齐后下移14.8，左移2.4。

30 建立圆"D-8a"，值为5.9*6.1，与"D-8"进行【C】、【E】对齐后上移0.4，左移1.9。

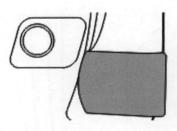

31 选择"D-8a"，按键盘【+】键复制一个并命名为"D-8b"，尺寸改为5*5.2。

32 建立矩形"D-9a"，值为14.3*11.8，倒角6，与"C-4"进行【L】、【B】对齐后上移3，右移3.3，转换为曲线后如上图所示修改节点。

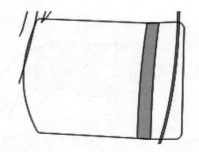

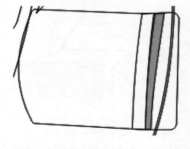

33 单击工具箱"贝塞尔"工具，描绘上图所示外形，命名为"D-9b"。

34 单击工具箱"贝塞尔"工具，描绘上图所示外形，命名为"D-9c"。

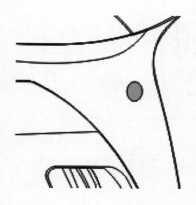

35 建立圆"LY-1a"，值为1.7*2.2，与"B-2"进行【R】、【B】对齐后下移4.3，左移0.6。

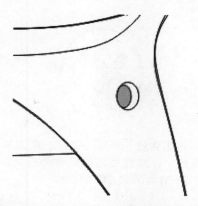

36 选择"LY-1a"，按键盘【+】键，复制一个并命名为"LY-1b"，值为1.1*1.8，与"LY-1a"进行【L】对齐。

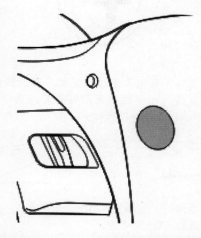

37 选择"LY-1a"，按键盘【+】键，复制一个并命名为"LY-2a"，尺寸改为5.8*7，左倾一定角度；与"C-1"进行【L】、【T】对齐后下移15，右移13.3。

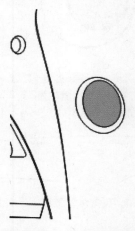

38 选择"LY-2a"，按键盘【+】键，复制一个并命名为"LY-2b"，值为4.5*5.8，右移0.2，上移0.2。

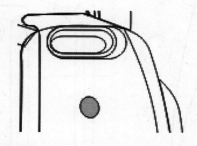

39 建立圆"LY-3a"，值为3.4*3.9，与"D-7a"进行【L】、【B】对齐后下移10.9，右移6.1。

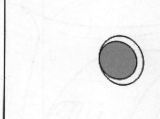

40 选择"LY-3a"，按键盘【+】键，复制一个并命名为"LY-3b"，值改为2.9*3，与"LY-3a"进行【L】对齐。

41 单击工具箱"手绘"工具，建立如图所示直线，在属性栏修改线框粗细为0.5，按【Ctrl+Shift+Q】组合键后填充黑色。

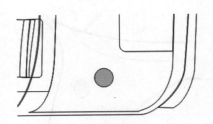

42 建立圆"LY-4a"，值为3.6*3.7，与"C-3"进行【C】、【B】对齐后上移5.1，右移0.4。

43 选择"LY-4a"，按键盘【+】键，复制一个并命名为"LY-4b"，值改为2.3*2.3，与"LY-4a"进行【L】对齐后右移0.3。

44 单击工具箱"手绘"工具，建立如图所示直线，在属性栏修改线框粗细为0.5，按【Ctrl+Shift+Q】组合键后填充黑色。

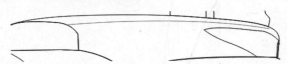

45 单击工具箱"贝塞尔"工具，建立上图所示外形"L1"。

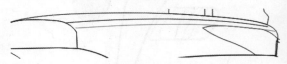

46 选择"L1"向下复制一条并命名为"L2"，适当调整一下节点。

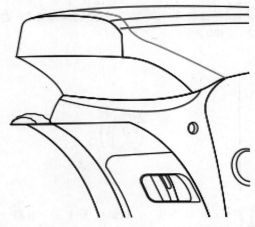

47 单击工具箱"贝塞尔"工具，建立上图所示外形"L3"。

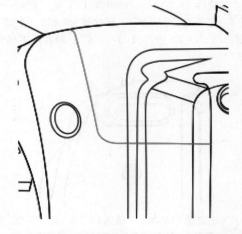

48 单击工具箱"贝塞尔"工具，建立上图所示外形"L4"。

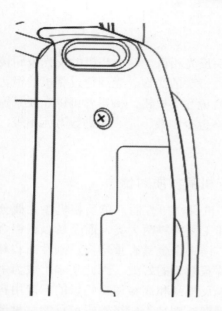

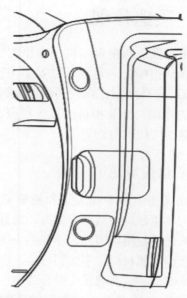

49 单击工具箱"贝塞尔"工具，建立上图所示外形"L5"。

50 单击工具箱"贝塞尔"工具，建立上图所示外形"L6"

51 从光盘导入"字符.cdr"文件，放在上图位置。

 温 ♥ 小提示

可以直接采用光盘目录"专业数码相机.cdr"文件的页面2内的线框图。

7.2.2 质感体现

专业相机也叫单反相机，完整的应该叫做单镜头反光相机。这类相机的反光镜和棱镜的独到设计使得摄影者可以从取景器中直接观察到通过镜头的影像。光线透过相机的镜头到达反光镜后，折射到上面对焦屏后结成影像，透过接目镜和五棱镜，摄影者可以在观景窗中看到外面的景物。专业相机的镜头种类非常多，而价格也少则数千元、多则数万元不等，有许多镜头甚至要比机身还要贵。

镜头材质对比

专业镜头多为专业人士和摄影记者所选用，他们使用器材的频率非常高，而且经常在严酷的条件下使用。因此，专业镜头的镜筒结构常常选用金属材料，多为铝合金，也有少量使用铜来制造的。普通镜头是作为对一般摄影爱好者选用来考虑的，这一类镜头的镜筒结构，为了降低成本常用工程塑料来制造的，甚至有的镜头连接口也是工程塑料制造的。

镜片的材质和加工方法也是有所不同的。专业镜头的非球面镜片都是经过精密研磨而成的，加工精度非常高，生产成本也同样非常高；价格不菲的萤石镜片、超低色散镜片，在专业镜头中的应用也是很普遍的。普通镜头中的非球面镜片，则多是采用成本较低的复合型非球面镜片或铸造成型的非球面镜片。

机身材质对比

机身材质方面，单反相机中大概分成金属和工程塑料两大类，而金属以镁铝合金为主，镁铝合金具有重量轻、刚性高和具备电磁屏蔽效果的好处，因此基本上成为中档以上单反机身和高级便携相机的标准用料。而工程塑料则是入门级数码单反的常见选材，并不是说塑料就一定不好，专业相机EOS 1N就是塑料的，一样抗摔打。现代数码单反相机机身如果是采用塑料制作的话，那么必然存在着钢制的中心框架用以安装CMOS和反光镜箱等主要组件，因此强度上也不成问题。入门级机身与高级机身的差别还是在各部件的密封和设计寿命方面更多一些。

总体而言，专业相机的专业性更强，无论是材质还是结构等，在了解了这一点后，我们在进行外观材质体现时，需要注意：因为其专业性，所以在色彩表现上和普通相机其最大的不同处在于色彩比较厚重，不像普通机色彩那么艳丽，整机给人感觉比较沉稳。

还是让我们在实际操作中慢慢体会吧！

镜头效果制作

⭕ 使用到的技术	渐变填充、交互式调和、复制	
⭕ 学习时间	40分钟	
⭕ 视频地址	光盘\第7天\3.swf	
⭕ 源文件地址	光盘\第7天\专业数码相机.cdr	

01 选择"Y1"，按键盘【G】键，进行线性渐变填充：R14、G18、B17→R69、G67、B67，线框无色填充。

02 选择"Y2"，按键盘【G】键，进行线性渐变填充：R33、G37、B36→R31、G24、B24。

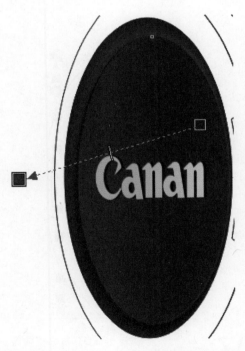

03 单击工具箱调和工具，对"Y1"与"Y2"进行调和。

04 选择"Y1"，按键盘【+】键复制一个，按键盘【F11】键，修改线性渐变填充：R34、G35、B36→80%黑色。

05 选择"Y3"，按键盘【G】键，进行线性渐变填充：R28、G32、B31→R46、G51、B49→R30、G29、B29→R26、G24、B24。

06 选择"Y4"，按键盘【G】键，进行线性渐变填充：黑色→90% 黑色→黑色→90% 黑色→90% 黑色→R71、G81、B83→R145、G153、B149→R148、G153、B151→R47、G51、B51→R75、G79、B75。

07 选择"Y5"，按键盘【G】键，按住【Ctrl】键进行线性渐变填充：黑色→90% 黑色→黑色→90% 黑色→90% 黑色→R71、G81、B83→R145、G153、B149→60% 黑色→90% 黑色→50% 黑色。

08 选择"Y6"，按【Ctrl+Shift+A】组合键，指向"Y4"，如上图所示调整位置。

09 选择"Y7"，按键盘【G】键，按住【Ctrl】键进行线性渐变填充：黑色→90% 黑色→黑色→黑色→90% 黑色→黑色。

10 选择"Y8、Y9"，按【Ctrl+Shift+A】组合键，指向"Y6"。

11 选择"Y10"，按键盘【G】键，按住【Ctrl】键进行线性渐变填充：80% 黑色→40% 黑色→白色→白色→80% 黑色。

12 选择"Y11"，按键盘【G】键，按住【Ctrl】键进行线性渐变填充：黑色→90% 黑色→黑色→90% 黑色→90% 黑色→R71、G81、B83→R145、G152、B153→R126、G139、B146→R90、G102、B101→R50、G54、B50。

13 选择"Y12",按键盘【G】键,按住【Ctrl】键进行线性渐变填充:60% 黑色→50% 黑色→20% 黑色→白色→白色→白色→20% 黑色→30% 黑色→70% 黑色。

14 选择"Y13",按键盘【G】键,按住【Ctrl】键进行线性渐变填充:黑色→90% 黑色→黑色→90% 黑色→90% 黑色→R71、G81、B83→R137、G151、B153→R180、G194、B194→黑色→90% 黑色→黑色。

15 选择"Y2",复制两个分别命名为"Y2-a"与"Y2-b","Y2-b"右移0.4,上移0.4,两者进行修剪,修剪图形填充白色,线框无色填充。

16 单击菜单栏"位图→转换为位图"与"位图→模糊→高斯模糊",将模糊值设置为2;单击工具栏透明度工具,进行线性透明渐变填充:黑色→白色→黑色。

17 选择"A1",填充黑色;选择"A1"与"Y4"相交,相交图形命名为"A1-a",双击"A1-a",如上图所示修改外形。

18 按【Ctrl+Shift+A】组合键,指向"Y4",将渐变方向调整为垂直。

19 选择"A1-a"复制一个并命名为"A1-b",如上图所示修改外形。

20 按键盘【G】键,进行线性渐变填充:R3、G7、B8→90%黑色。

21 单击工具箱"贝塞尔"工具,建立上图所示外形"A1-c"。

22 选择"A1-c"填充90%黑色;按住【Ctrl】键,水平拖动到右边单击鼠标右键,复制一个并命名为"A1-d",填充黑色。

23 单击工具箱"贝塞尔"工具，建立上图所示外形"A1-c"，填充40%黑色。

24 单击工具箱透明度工具，进行线性透明渐变填充：白色→黑色，单击鼠标右键，在弹出的快捷菜单中选择【置于此对象前】，指向"A1-b"。

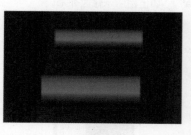

25 选择"A1-1"，按键盘【G】键，按住【Ctrl】键进行线性渐变填充：黑色→R56、G56、B56→黑色→50％黑色→R110、G110、B110→黑色，线框无色填充。

26 选择"A1-1"，按键盘【+】键，复制一个并命名为"A1-2"，尺寸改为2.3*0.6，上移1.4，右移0.2。

27 选择"A1-2"，复制14个，适当调整一下外形，整体中间窄，两头宽。

28 选择最下面一个矩形与上面9个矩形，按键盘【F11】键修改渐变填充：黑色→R18、G18、B18→黑色→R64、G64、B64→R69、G69、B69→黑色。

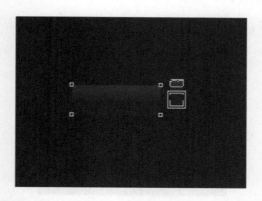

29 选择"A1-1"，按键盘【G】键，进行线性渐变填充：R44、G51、B49→R28、G37、B41→R13、G16、B18，线框无色填充。

30 选择"A1-1"，如上图所示复制6个矩形图形。

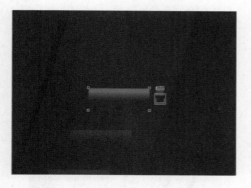

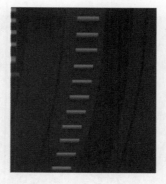

31 选择复制出来的最上面一个矩形，按键盘【F11】键修改线性渐变填充：R121、G130、B127→R67、G82、B89→R13、G16、B18。

32 选择复制出来的最上面一个矩形，如上图所示复制10个矩形图形。

33 选择复制出来的最上面一个矩形，按键盘【F11】键修改线性渐变填充：R161、G171、B168→R67、G82、B89→R13、G16、B18。

34 选择复制出来的最上面一个矩形，如上图所示复制4个矩形图形。

35 选择复制出来的最上面一个矩形，按键盘【F11】键修改线性渐变填充：R122、G130、B128→R67、G82、B89→R13、G16、B18。

36 选择复制出来的最上面一个矩形，如上图所示复制12个矩形图形。

37 选择复制出来的最上面一个矩形，按键盘【F11】键修改线性渐变填充：R178、G191、B187→R67、G82、B89→R47、G59、B64。

38 选择复制出来的最上面一个矩形，如上图所示复制8个矩形图形。

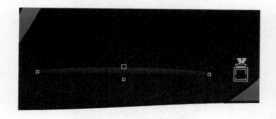

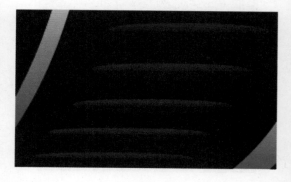

39 选择"Y11-1"，按键盘【G】键，进行线性渐变填充：R44、G51、B49→R28、G37、B41→R13、G16、B18，线框无色填充。

40 选择"Y11-1"，如上图所示复制4个椭圆形。

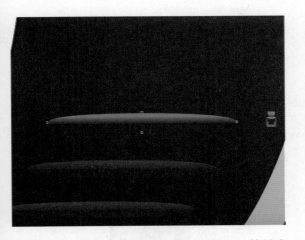

41 选择复制出来的最上面一个椭圆，按键盘
【F11】键修改线性渐变填充：R121、G130、
B127→R67、G82、B89→R13、G16、B18。

42 选择复制出来的最上面一个椭圆，如上图所示
复制7个椭圆形。

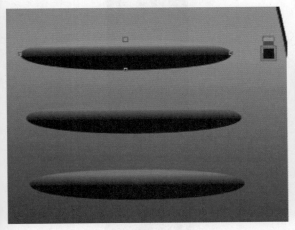

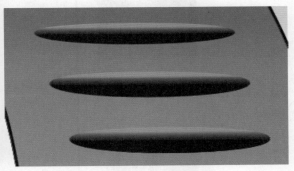

43 选择复制出来的最上面一个椭圆，按键盘
【F11】键修改线性渐变填充：R151、G163、
B160→R67、G82、B89→R13、G16、B18。

44 选择复制出来的最上面一个椭圆，如上图所示
复制2个椭圆形。

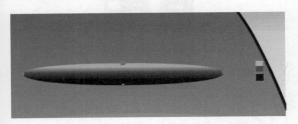

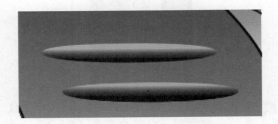

45 选择复制出来的最上面一个椭圆，按键盘
【F11】键修改线性渐变填充：R178、G191、
B187→R67、G82、B89→R40、G49、B50。

46 选择复制出来的最上面一个椭圆，如上图所示
复制1个椭圆形。

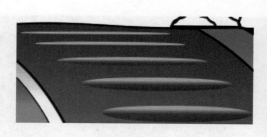

47 选择复制出来的椭圆，按键盘【F11】键修改线性渐变填充：R178、G191、B187→R67、G82、B89→R57、G72、B79。

48 选择复制出来的最上面一个椭圆，如上图所示复制4个椭圆图形。

49 选择 "A2"，按键盘【G】键，进行线性渐变填充：90% 黑色→60% 黑色→黑色，线框无色填充。

50 单击工具箱 "交互式阴影" 工具，照此设置，出来后的效果如上图所示。

51 选择 "A2"，按【Ctrl+C】与【Ctrl+V】组合键复制一个并命名为 "A2-b"，按键盘【F11】键，修改渐变填充为：R47、G51、B54→R190、G196、B204→R190、G198、B204→R45、G51、B56。

52 单击工具箱透明度工具，进行线性透明度渐变填充：黑色→白色→黑色。

53 选择 "Y11"，按键盘【+】键复制两个，将其中一个右移0.9，两者进行修剪后删掉多余图形，修剪图形命名为 "Y11-a"。

54 选择 "Y11-a" 按键盘【G】键，进行线性渐变填充：黑色→90% 黑色→黑色→90% 黑色→90% 黑色→R71、G81、B83→R111、G119、B120→R88、G99、B105→R53、G64、B63→R25、G28、B25，线框无色填充。

55 选择 "Y11-a"，右移2.5；选择 "Y11"，按键盘【+】键复制两个，其中一个左移0.5后，两者进行修剪，删掉多余图形，修剪图形命名为 "Y11-b"；选择 "Y11-b" 按键盘【G】键，进行线性渐变填充：黑色→R28、G30、B30→80%黑色→60%黑色→80%黑色，线框无色填充。

56 选择 "Y11-b"，按键盘【+】键复制一个并命名为 "Y11-c"，选择 "Y11-c" 左移3，按键盘【F11】键，修改渐变填充为：黑色→R28、G30、B30→R145、G152、B153→R116、G122、B116。

57 单击工具箱调和工具，对 "Y11-b" 与 "Y11-c" 进行调和。

58 选择 "Y11-b" 与 "Y11-c"，左移0.7。

59 选择 "Y12"，按键盘【+】键复制一个并命名为 "Y12-a"，将 "Y12-a" 右移0.7后，两者进行相交，删掉 "Y12-a"，相交图形命名为 "Y12-b"，按键盘【F11】键修改渐变填充：80% 黑色→70% 黑色→30% 黑色→白色→白色→30% 黑色→40% 黑色→70% 黑色→90% 黑色，线框无色填充。

60 选择 "Y13-1"，按键盘【G】键进行线性渐变填充：R33、G41、B38→黑色→黑色，线框无色填充。

61 选择"Y13-1"，如上图所示复制3个矩形图形。

62 选择复制出来的最上面一个矩形，按键盘【F11】键修改线性渐变填充：R44、G51、B49→R28、G37、B41→R15、G18、B20。

63 选择复制出来的最上面一个矩形，如上图所示复制1个矩形图形。

64 按键盘【F11】键修改线性渐变填充：R84、G90、B88→R44、G56、B61→R15、G18、B20。

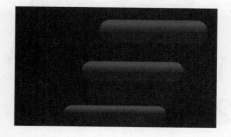

65 选择复制出来的最上面一个矩形，如上图所示复制2个矩形图形。

66 选择复制出来的最上面一个矩形，按键盘【F11】键修改线性渐变填充：R121、G130、B127→R67、G82、B89→R15、G18、B20。

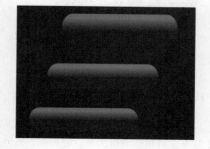

67 选择复制出来的最上面一个矩形，如上图所示复制2个矩形图形。

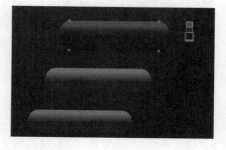

68 选择复制出来的最上面一个矩形，按键盘【F11】键修改线性渐变填充：R84、G90、B88→R13、G27、B33→黑色。

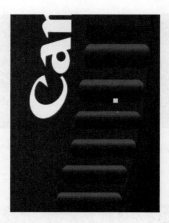

69 选择复制出来的最上面一个矩形，如上图所示复制6个矩形图形。

70 选择最上面的矩形，填充：R9、G13、B12。

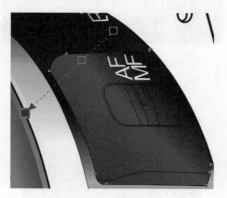

71 选择"A3"，按键盘【G】键，进行线性渐变填充：R6、G8、B8→R86、G96、B92→R53、G57、B59

72 选择"A3-a"，填充黑色。

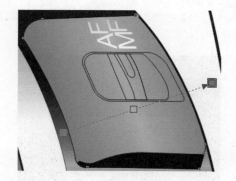

73 选择"A3"，按键盘【+】键复制一个并命名为"A3-b"，按键盘【F11】键修改渐变填充：R131、G147、B158→R191、G202、B211→R123、G142、B143

74 单击工具箱透明度工具，进行线性透明渐变填充：白色→黑色。

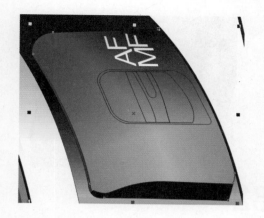

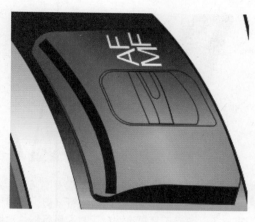

75 选择"A3-b",双击"A3-b",左边线段右移0.2。

76 单击工具箱"贝塞尔"工具,建立线条"A3-L1",属性栏修改粗细为1。

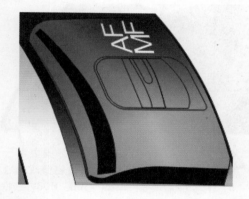

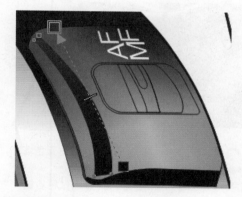

77 按【Ctrl+Shift+Q】组合键转换为对象,双击"A3-L1",如上图所示调整节点。

78 按键盘【G】键进行线性渐变填充:黑色→80%黑色。

79 将其复制一个并命名为"A3-L2",如上图所示调整外形,填充20%黑色。

80 选择"A3-L1",进行高斯模糊,模糊值设置为2,选择"A3-L2",进行高斯模糊,模糊值设置为3。

81 选择"A3-a",按键盘【+】键复制两个,将其中一个下移0.3后,两者进行修剪,修剪图形填充白色;单击工具箱透明度工具,进行线性透明渐变填充:黑色→白色→黑色。

82 将其上移0.6。

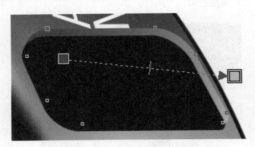

83 选择"A4-a",填充黑色,线框无色填充;按键盘【+】键复制一个并命名为"A4-f",将其右移0.3,上移0.4,右移0.2,单击鼠标右键,在弹出的快捷菜单中选择【顺序→置于此对象前】,指向"A3-b",选择"A4-f",按键盘【G】键,进行线性渐变填充:R57、G68、B69→R192、G203、B204。

84 选择"A4-a",按键盘【+】键复制一个并命名为"A4-g",在属性栏修改尺寸为9.7*4.5,下移0.2后填充:R56、G66、B68,线框无色填充。

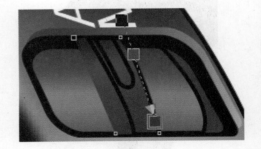

85 选择"A4-g"与"A4-b"两者进行相交,删掉原"A4-b",相交图形命名仍为"A4-b",选择"A4-b",按键盘【G】键,进行线性渐变填充:R31、G40、B42→R73、G86、B90→R133、G150、B156→R129、G150、B158→R95、G110、B115。

86 选择"A4-c",按键盘【G】键,进行线性渐变填充:R19、G25、B26→R73、G86、B90→R48、G60、B64,线框无色填充。

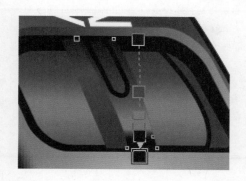

87 选择"A4-d"，按键盘【G】键，进行线性渐变填充：R19、G25、B26→R73、G86、B90→R133、G150、B156→R129、G150、B158→黑色→黑色，线框无色填充。

88 选择"A4-e"，填充白色，线框无色填充；单击工具箱"贝塞尔"工具，建立上图所示外形图形，填充：R34、G45、B46。

89 单击工具箱"贝塞尔"工具，建立上图所示直线。

90 选择"Y12-1"，填充：R91、G105、B101；选择"Y12-2"，填充黑色。

91 框选"Y12-1"与"Y12-2"，按【Shift+Pgdn】组合键置于最后面；镜头效果制作完成。

温 ♥ 小提示

1、在进行镜头表现时，先将大型的色调进行统一，局部做适当调整，我们可以大量采用【Ctrl+Shift+A】组合键命令复制填充属性，在需要增减部分做小调整。

2、镜头上的凸点我们也可以采用此方法，将所有的凸点先复制同一个填充色，然后在暗的地方将色彩调暗，亮的地方将色彩调亮，保持整机的光源一致。

3、可以直接借鉴光盘"专业数码相机.cdr"文件里的线框进行上色。

机身效果制作

○ 使用到的技术	渐变填充、高斯模糊、透明渐变填充
○ 学习时间	40分钟
○ 视频地址	光盘\第7天\4.swf
○ 源文件地址	光盘\第7天\专业数码相机.cdr

01 选择"B-1"，按键盘【G】键，进行线性渐变填充：R21、G25、B27→黑色。

02 选择"B-2"，填充黑色；选择"B-3"，填充：R2、G2、B3；选择"B-3"，按键盘【+】键复制一个并命名为"B-3a"，尺寸改为14.4*3.3，填充：R19、G24、B27，线框无色填充。

03 选择"B-4",按键盘【G】键进行线性渐变填充:R21、G25、B24→R27、G31、B30→R49、G53、B54→R49、G53、B54。

04 单击工具箱"贝塞尔"工具,建立上图所示外形"B-4a",填充黑色。

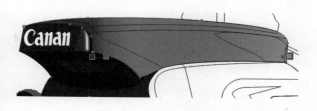

05 选择"B-4a",复制一个并命名为"B-4b",填充白色;单击菜单栏"位图→转换为位图"与"位图→模糊→高斯模糊",将模糊值设置置为2。

06 选择"B-5",按键盘【G】键,进行线性渐变填充:R54、G68、B72→R100、G115、B123→R120、G138、B143→R119、G134、B143→R144、G166、B171。

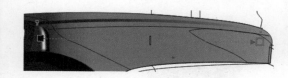

07 选择"L1",在属性栏将粗细改为0.7,按【Ctrl+Shift+Q】组合键转换为对象,按键盘【G】键进行线性渐变填充:90%黑色→40%黑色。

08 选择"L2",在属性栏将粗细改为1.0,将其复制一个并命名为"L2-a",粗细改为0.75,按【Ctrl+Shift+Q】组合键转换为对象,填充白色,单击工具箱透明度工具,进行线性透明渐变填充:白色→黑色。

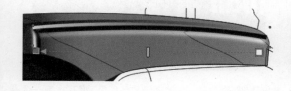

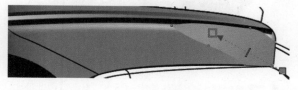

09 选择"L2",将其复制一个并命名为"L2-b",线框填充白色,进行高斯模糊,将模糊值设置为3,单击工具箱透明度工具,进行线性透明渐变填充:白色→50%黑色。

10 选择"B-6",按【Shift+Pgup】组合键,按键盘【G】键,进行线性渐变填充:R125、G143、B153→R162、G182、B186,线框无色填充。

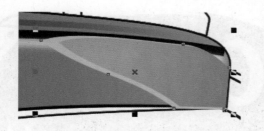

11 选择"B-6",按键盘【+】键复制一个并命名为"B-6a",值改为21.3*8.6,填充:R195、G217、B222,与"B-6"进行【R】对齐,单击鼠标右键,在弹出的快捷菜单中选择【顺序→置于此对象后】,指向"B-6"。

12 建立矩形77*25.5,按键盘【G】键,进行线性渐变填充:R74、G78、B77→R74、G78、B77→R151、G165、B174→R177、G191、B199,线框无色填充。

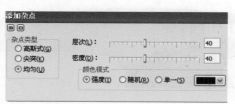

13 单击菜单栏"位图→转换为位图"与"位图→杂点→添加杂点",如上图所示进行设置。

14 将其移至"B-5"上方,单击工具箱透明度工具,对位图进行线性透明渐变填充:白色→黑色,在属性栏将透明度操作改为减小。

15 单击工具箱"贝塞尔"工具,建立上图所示外形图形,填充白色,线框无色填充。

16 单击工具箱透明度工具,进行线性透明渐变填充:白色→黑色。

17 将步骤6~16制作的效果置入"B-5"内,调整好位置。

18 选择"L3",将粗细改为0.4,将其复制一个并命名为"L3-a",粗细改为0.2;选择"L3",按【Ctrl+Shift+Q】组合键转为对象,按键盘【G】键,进行线性渐变填充:R144、G150、B150→R157、G178、B179;选择"L3-a",按【Ctrl+Shift+Q】组合键转为对象,填充黑色。

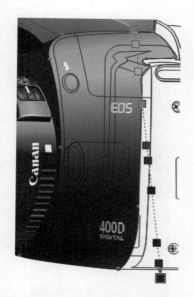

19 选择"C-1"，按键盘【G】键，进行线性渐变填充：R133、G142、B143→R174、G187、B191→R187、G198、B201→R128、G148、B153→R58、G69、B75→R34、G42、B46→黑色→黑色→90%黑色→黑色。

20 选择"C-2"，按键盘【G】键，进行线性渐变填充：R162、G184、B189→R37、G46、B48→R23、G30、B31→黑色→R9、G12、B13，线框无色填充。

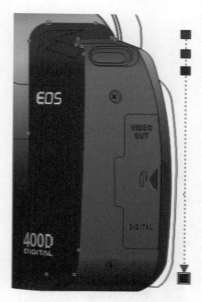

21 选择"C-3"，按键盘【G】键，进行线性渐变填充：R107、G121、B130→R66、G73、B77→R110、G119、B122→R69、G75、B77→R34、G42、B46→黑色→R52、G63、B69，线框无色填充。

22 选择"C-4"，按键盘【G】键，进行线性渐变填充：R48、G57、B59→R49、G54、B56→R25、G28、B29→黑色，线框无色填充。

23 选择"C-4",进行高斯模糊,将模糊值设置为4,单击工具箱透明度工具,进行线性透明渐变填充:白色→黑色。

24 选择"C-5",按键盘【G】键,进行线性渐变填充:R79、G83、B84→R137、G148、B156,线框无色填充。

25 选择"C-5",进行高斯模糊,将模糊值设置为4,单击工具箱透明度工具,进行线性透明渐变填充:黑色→白色→白色→黑色。

26 选择"C-6",按键盘【G】键,进行线性渐变填充:R103、G112、B111→R103、G116、B117,线框无色填充;进行高斯模糊,模糊值为8。选择"C-4"置于"C-1"前。

27 单击工具箱"贝塞尔"工具，建立上图所示外形图形，填充白色，线框无色填充。

28 单击菜单栏"位图→转换为位图"与"位图→模糊→高斯模糊"，将模糊值设置为1；单击工具箱透明度工具，进行线性透明渐变填充：白色→黑色。

29 击工具箱"贝塞尔"工具，建立上图所示外形图形，填充黑色。

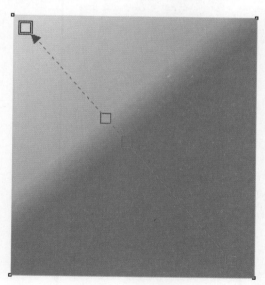

30 单击工具箱"矩形"工具，建立矩形63.3*69.3，按键盘【G】键，进行线性渐变填充：R112、G134、B143→R113、G135、B144→R170、G190、B197→R220、G232、B235，线框无色填充。

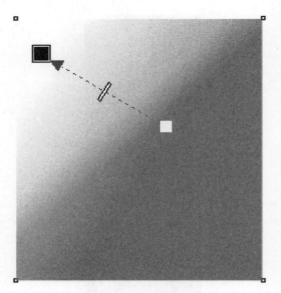

31 单击菜单栏"位图→转换为位图"与"位图→杂点→添加杂点",保持上次的设置不变;单击工具箱透明度工具,进行线性透明渐变填充:白色→黑色,在属性栏将透明度操作改为减少。

32 将步骤22～31制作的效果置入到"C-1"内,并调整好位置。

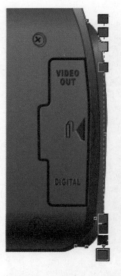

33 选择"C-7",线框粗细改为0.6;按键盘【+】键复制一,并命名为"C-7a",下移0.1,右移0.1,按【Ctrl+Shift+Q】组合键转换为对象,按键盘【G】键,进行线性渐变填充:R170、G194、B200→R164、G184、B188→R95、G111、B112,线框无色填充。

34 单击鼠标右键,选择【顺序→置于此对象前】,指向"C-3";选择"C-7",按【Ctrl+Shift+Q】组合键转换为对象;选择"C-8",按键盘【G】键,进行线性渐变填充:R54、G61、B66→R66、G73、B77→R139、G151、B158→R68、G77、B84→R58、G69、B75→R34、G42、B46→黑色→R52、G63、B69。

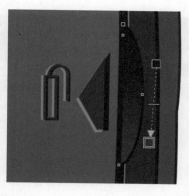

35 选择"C-9",按键盘【G】键,进行线性渐变填充:黑色→80%黑色。

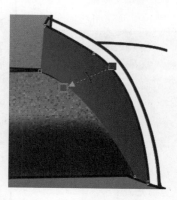

36 选择"D-1",按键盘【G】键,进行线性渐变填充:R37、G42、B47→R77、G88、B90,线框无色填充。

37 选择"D-2",按键盘【G】键,进行线性渐变填充:R64、G68、B71→R97、G100、B102→R188、G195、B196→R179、G188、B189→R105、G118、B120→90%黑色,线框无色填充。

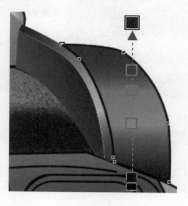

38 选择"D-3",按键盘【G】键,进行线性渐变填充:黑色→90%黑色→R145、G152、B153→R128、G136、B137→R71、G81、B83→90%黑色。

39 选择"D-3",按键盘【+】键复制两个,将其中一个左移1后,两者进行修剪,删掉多余图形,修剪图形填充80%黑色,线框无色填充。

40 单击菜单栏"位图→转换为位图"与"位图→模糊→高斯模糊",将模糊值设置为3;按键盘【[】键,将其置入"D-3"内。

41 选择"D-4"，按键盘【G】键，进行线性渐变填充：R18、G29、B31→R17、G27、B29→R5、G8、B8→黑色。

42 选择"D-5"，填充黑色；单击工具箱"贝塞尔"工具，建立上图所示外形图形，按键盘【G】键，进行线性渐变填充：白色→70%黑色。

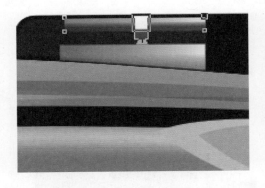

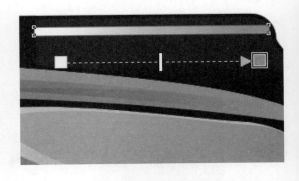

43 建立矩形6.8*0.7，按键盘【G】键，进行线性渐变填充：70%黑色→白色。

44 建立矩形13.1*0.5，按键盘【G】键，进行线性渐变填充：白色→40%黑色。

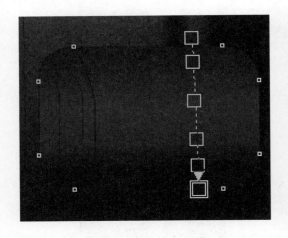

45 选择"D-6a"，按键盘【G】键，进行线性渐变填充：R7、G14、B15→R15、G22、B23→R34、G42、B46→R23、G32、B33→黑色→黑色。

46 选择"D-6b"，填充：R1、G7、B3。

47 选择"D-6c"，按【Ctrl+Shift+A】组合键，指向"D-6a"。

48 选择"D-6d"，填充：R6、G11、B7。

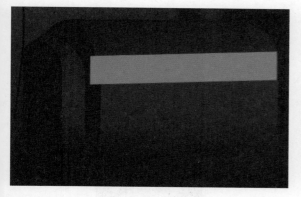

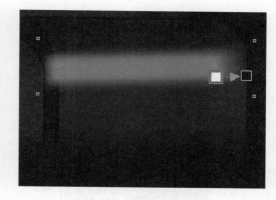

49 建立矩形16.3*2.6，填充：R131、G148、B158，线框无色填充，向上倾斜2°左右，移至上图所示位置。

50 对其进行高斯模糊，将模糊值设置为3；单击工具箱透明度工具，进行线性透明渐变填充：白色→黑色。

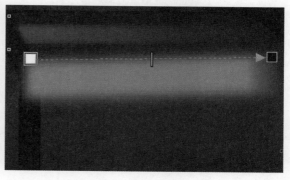

51 建立矩形16.5*1.3，如上图所示调整外形，填充：R75、G76、B87，线框无色填充。

52 对其进行高斯模糊，将模糊值设置为1；单击工具箱透明度工具，进行线性透明渐变填充：白色→黑色。

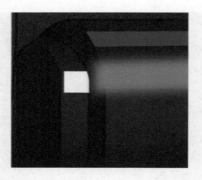

53 建立矩形2*1.7，与"D-6c"进行相交，相交图形填充白色。

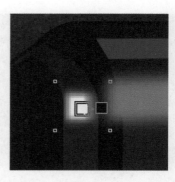

54 对其进行高斯模糊，将模糊值设置为1.5；单击工具箱透明度工具，进行线性透明渐变填充：白色→黑色。

55 单击工具箱"贝塞尔"工具，建立上图所示外形图形，填充：R111、G121、B122。

56 单击工具箱"贝塞尔"工具，建立上图所示外形图形，填充：R6、G11、B7。

57 将上面两个外形复制一组，如上图所示调整大小。

58 选择"D-7a"，填充：R62、G73、B76；线框无色填充；按键盘【+】键复制一个并命名为"D-7a1"，如上图所示调整外形并填充黑色。

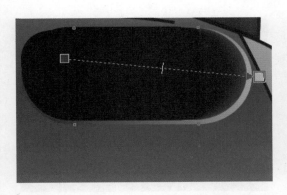

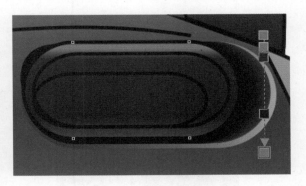

59 单击工具箱"调和"工具，对两者进行调和；选择"D-7a"，按键盘【+】键复制一个并命名为"D-7a2"，尺寸改为14.8*6.4，与"D-7a"进行【T】对齐，单击鼠标右键，选择【顺序→置于此对象前】，指向"C-3"；按键盘【G】键，进行线性渐变填充：R57、G68、B69→R192、G203、B204。

60 选择"D-7b"，按键盘【G】键，按住【Ctrl】键进行线性渐变填充：R135、G147、B150→R134、G148、B152→R43、G49、B49→R26、G32、B33→R129、G156、B161。

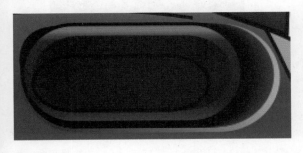

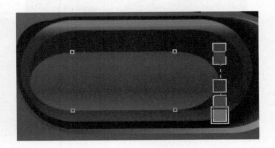

61 选择"D-7c"，填充：R18、G26、B28，线框无色填充。

62 选择"D-7c"，按键盘【G】键，按住【Ctrl】键进行线性渐变填充：R73、G82、B87→R80、G89、B93→R56、G65、B69→R89、G98、B102→R134、G151、B153，线框无色填充。

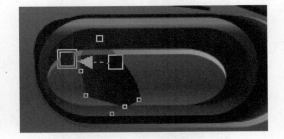

63 选择"D-7c"，按键盘【+】键复制两个，将其中一个下移0.3后，两者进行修剪，删掉多余图形，修剪图形填充白色，单击工具箱透明度工具，进行线性透明渐变填充：白色→黑色。

64 单击工具箱"贝塞尔"工具，建立上图所示外形图形，按键盘【G】键进行线性渐变填充：R3、G7、B3→R27、G38、B41，线框无色填充，单击鼠标右键，选择【顺序→置于此对象前】，指向"D-7c"。

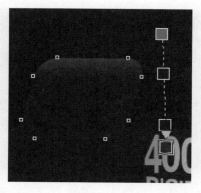

65 选择"D-8",按键盘【G】键,进行线性渐变填充:R107、G128、B130→黑色→黑色→R26、G33、B33

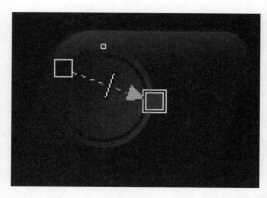

66 选择"D-8a",按键盘【G】键,进行线性渐变填充:黑色→80%黑色,线框无色填充。

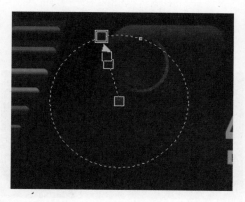

67 选择"D-8b",按键盘【G】键,进行射线渐变填充:R3、G7、B3→黑色→黑色→R27、G38、B41。

68 选择"D-8b",按键盘【+】键复制两个,将其中一个右移0.3后,两者进行修剪,删掉多余图形,修剪图形填充:R19、G24、B20,线框无色填充。

69 单击工具箱"贝塞尔"工具,建立上图外形,填充白色,线框无色填充。

70 单击工具箱"贝塞尔"工具,建立上图所示外形图形,填充30%黑色。

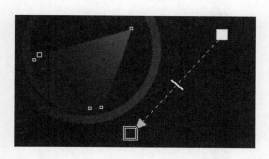

71 单击工具箱透明度工具，进行线性透明度渐变填充：白色→黑色。

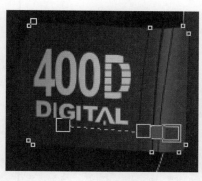

72 选择"D-9a"，按键盘【G】键，进行线性渐变填充：R15、G19、B18→R44、G48、B49→R83、G94、B95→R53、G57、B59。

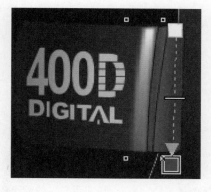

73 选择"D-9b"，填充白色，线框无色填充；进行高斯模糊，将模糊值设置为2；单击工具箱透明度工具，进行线性透明渐变填充：白色→70%黑色。

74 选择"D-9c"，填充黑色，线框无色填充；进行高斯模糊，将模糊值设置为2；单击工具箱透明度工具，进行线性透明渐变填充：白色→黑色。

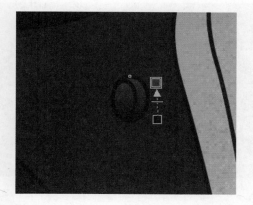

75 选择"LY-1a"，按键盘【G】键，进行线性渐变填充：黑色→80%黑色。

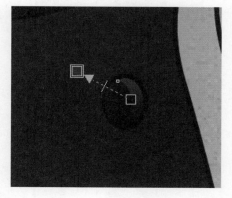

76 选择"LY-1b"，按键盘【G】键，进行线性渐变填充：黑色→80%黑色，线框无色填充。

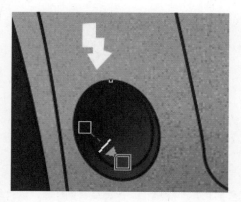

77 选择"LY-2a"，按键盘【G】键，进行线性渐变填充：黑色→80%黑色。

78 选择"LY-2b"，按键盘【G】键，进行线性渐变填充：R128、G142、B150→白色。

79 单击工具箱"贝塞尔"工具，建立上图所示外形图形，填充黑色，线框无色填充。

80 选择"LY-3a"，填充黑色，线框无色填充；按键盘【+】键复制一个并命名为"LY-3c"，尺寸改为3.8*4.3，按键盘【G】键，进行线性渐变充：R57、G68、B69→R192、G203、B204。

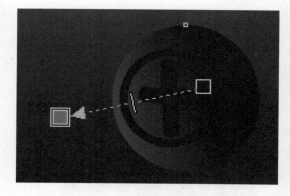

81 单击鼠标右键，选择【顺序→置于此对象前】，指向"C-3"；选择"LY-3b"，按键盘【G】键，进行线性渐变填充：R20、G25、B28→R107、G124、B128。

82 选择"LY-4a"，按键盘【G】键，进行线性渐变填充：黑色→R112、G125、B128，线框无色填充。

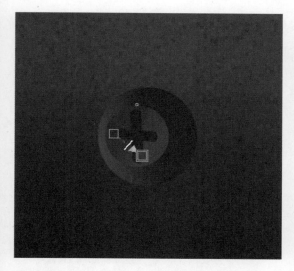

83 选择"LY-4a",按键盘【G】键,进行线性渐变填充:R26、G36、B33→80%黑色,线框无色填充。

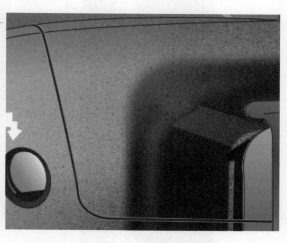

84 选择"L4",将粗细改为0.4,将其复制一个并命名为"L4-a",粗细改为0.2;选择"L4",按【Ctrl+Shift+Q】组合键转为对象,按【Ctrl+Shift+A】组合键,指向"L3"。

85 选择"L4-a",按【Ctrl+Shift+Q】组合键转为对象,填充黑色;选择"L5",按【Ctrl+Shift+Q】组合键转为对象,按键盘【G】键,进行线性渐变填充:R156、G163、B167→白色。

86 选择"L6",将粗细改为0.75,按【Ctrl+Shift+Q】组合键转为对象,如上图所示调整外形。

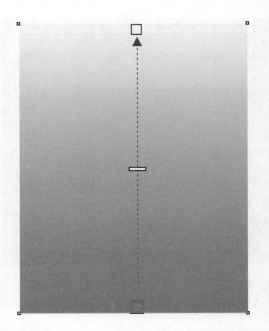

87 选择"C-3",按键盘【+】键复制两个,将其中一个右移0.4后,两者进行修剪后删掉多余图形,修剪图形填充黑色。

88 建立矩形68.5*89.7,按键盘【G】键,进行线性渐变填充:R129、G143、B146→R249、G255、B255,线框无色填充。

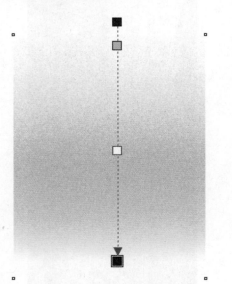

89 转换为位图并添加杂点,保持上次的设置不变;单击工具箱透明度工具,进行线性透明渐变填充:黑色→30%黑色→白色→黑色,在属性栏将透明度操作改为减少。

90 将调整好的效果置入到"C-3"内;单击工具箱"贝塞尔"工具,建立上图所示外形图形,填充白色,线框无色填充。

91 整个相机效果制作完成。

☆ 自我评价 ☆

　　连这么复杂的产品，我们都坚持到最后，终于搞定了！总算可以歇口气了！是不是很有成就感呢？

　　其实用CorelDRAW进行产品设计，相比其他平面软件，上手快，制作效果也快，修改也快！这就是为什么会被产品外观设计师青睐的原因！

　　为了挑战一下自我，如果有兴趣，可以将下面的车表现出来哦！通过我们七天的学习，我们现在应该相当有信心，将下面的车表现的非常好！

7.3 排版

双击工具栏的"矩形"工具图标，形成了一个页面大小的矩形，对其线框进行无色填充；单击标准栏的"导出"图标，将文件导出为"专业数码相机.jpg"图片；在Photoshop中根据个人喜好加上背景。

7.4 小结与课后练习

产品复杂，只是相对简单的产品，多了更多的操作步骤，我们可以将其分解成多个独立的小零件来进行表现，效果图绘制的原理依然一样，表现亮面、中间面、暗面、高光、反光、明暗交接线、阴影；各个小零件之间色调统一、协调，掌握了绘制原理，所有产品表现方法都一样！

为了自测一下今天的学习成果，可以在课后将今天绘制的相机换成其他材质！